强对流天气年鉴
(2019)

中国气象局 编

气象出版社
China Meteorological Press

内容简介

本年鉴是由中国气象局国家气象中心(中央气象台)编撰的出版物,共分为3章。第1章总结了2019年我国强对流天气发生的时空分布及气候态差异特征。第2章梳理了全年34次主要强对流天气过程发生情况。第3章针对遴选出的8次重大强对流天气事件的环境背景、发展演变等信息进行了细致描述。附录给出了基于1981—2010年观测数据整理的不同季节分类别强对流天气统计分布图。本书比较系统全面地整理和总结了2019年我国强对流天气的资料信息,可供气象、农业、地理、环境等行业开展科学研究、风险评估等方面工作的业务、科研、技术和管理决策人员进行参考。

图书在版编目(CIP)数据

强对流天气年鉴. 2019 / 中国气象局编. -- 北京 : 气象出版社, 2021.11
ISBN 978-7-5029-7613-2

Ⅰ. ①强… Ⅱ. ①中… Ⅲ. ①强对流天气－天气分析－中国－2019－年鉴 Ⅳ. ①P425.8-54

中国版本图书馆CIP数据核字(2021)第243613号

强对流天气年鉴(2019)
Qiangduiliu Tianqi Nianjian(2019)

出版发行:气象出版社
地　　址:北京市海淀区中关村南大街46号　　**邮政编码**:100081
电　　话:010-68407112(总编室)　010-68408042(发行部)
网　　址:http://www.qxcbs.com　　**E-mail**:qxcbs@cma.gov.cn
责任编辑:张　媛　　**终　　审**:吴晓鹏
责任校对:张硕杰　　**责任技编**:赵相宁
封面设计:地大彩印设计中心
印　　刷:北京地大彩印有限公司
开　　本:787 mm×1092 mm　1/16　　**印　　张**:9.5
字　　数:243千字
版　　次:2021年11月第1版　　**印　　次**:2021年11月第1次印刷
定　　价:100.00元

《强对流天气年鉴(2019)》
编 委 会

序

我国是世界上强对流天气致灾影响最重的国家之一，由强对流活动引起的短时强降水、雷暴大风、冰雹、龙卷风等灾害性天气分布地域广、发生频率高，对我国经济社会发展和人民生命财产安全造成严重威胁，致灾影响不断加剧。

强对流天气时空尺度小、发生突然、变化剧烈，对其发生发展的监测预报预警以及活动规律和机理的认识一直是国际气象界面临的挑战性难题之一。在中国气象局的战略部署下，2009年中央气象台开启了强对流天气预报业务专业化发展的征程。经过十余年不懈努力，借助综合观测体系的不断完善，中央气象台在强对流天气监测预报预警技术和业务能力方面取得了长足的进步，为筑牢气象防灾减灾"第一道防线"发挥了重要作用，也为科学记录我国强对流天气的发生状况储备了技术和人才，奠定了工作基础。

受中国气象局委托，由中国气象局国家气象中心精心整理编撰的我国首部强对流灾害天气专业年鉴——《强对流天气年鉴(2019)》出版问世，开创了一项重要的气象基础性工作。过去两年，经过对我国短时强降水、雷暴大风、冰雹、龙卷风4类强对流天气实况近40年历史资料的收集、分析和整理，构建起历史统计数据集和常年气候平均数据集，形成开展年鉴工作的基础信息。《强对流天气年鉴(2019)》分析了2019年强对流天气实况，给出了上述4种类别强对流天气的年度统计特征及与历年情况和常年气候平均的对比，梳理了全年影响我国的主要强对流天气过程和重大强对流天气事件，并分述了重大强对流天气事件发生的环境特征和中尺度特征等，力求全面、准确记录我国2019年强对流天气状况。

信息档案是时代发展的宝贵资源，提高强对流天气监测预报预警准确率，研究探索其发生发展规律和机理，均离不开大量观测数据和翔实的史实作为基础。《强对流天气年鉴》作为连续记录我国强对流灾害天气信息的出版物，具有重要的科学和应用价值。它既可为气象部门开展强对流天气预报和复盘总结、科研攻关、灾害评估等提供基本信息，也可供科研教学、业务培训、决策管理等相关工作参考，还可成为社会各行业了解我国强对流天气概况及灾害风险的权威信息平台。随着年复一年的积累，它将会形成我国强对流天气状况的历史典籍。

《强对流天气年鉴》的出版问世，填补了我国强对流灾害天气专业年鉴空白，是新时代中央气象台人为中国气象事业高质量发展献上的一份厚礼，也是践行初心使命的又一具体行动。谨此，希望中央气象台人坚持开拓创新、不断锐意进取，把《强对流天气年鉴》越办越好，并祝愿我国强对流天气预报事业不断取得新成就。

国家气象中心主任（中央气象台台长）王建捷

2021 年 8 月 31 日

编写说明

1. 资料来源及说明

气象观测资料(1981—2019 年)主要来自中国气象局国家气象信息中心整编资料中全国国家基准气候站、基本气象站、一般气象站长时间序列观测资料(共 2420 站)。

2019 年强对流天气气象观测资料来自中国气象局国家气象信息中心整编资料中全国国家级气象观测站(共 10712 站)观测资料,其中第 3 章中的极端强对流天气的部分数据来自区域自动气象观测站资料。

闪电(云地闪)观测数据来自中国气象局国家雷电监测网观测资料。

雷达组合反射率拼图和二维剖面图使用中国气象局国家气象信息中心存储的雷达基数据资料;天气形势综合分析图和温度对数压力图数据分别来自中国气象局全球同化预报系统(CMA-GFS)和中国气象局中尺度天气数值预报系统(CMA-MESO)的分析场资料。

2. 强对流天气定义

参照气象行业标准《强对流天气等级》(QX/T 416—2018)和中国国家标准《龙卷风强度等级》(GB/T 40243—2021),将强对流天气划分为短时强降水、雷暴大风、冰雹、龙卷风 4 类,具体定义如下:

短时强降水:在同一个或多个中小尺度天气系统相继或连续影响下,在很短时间内(通常不超过 1 h)出现的雨强较大的对流性降水,雨强达 20 mm/h(含)以上。

雷暴大风:伴随雷暴、雷雨出现的对流性大风,风速达 17.2 m/s(含)以上。

冰雹:坚硬的球状、锥状或形状不规则的固态降水。

龙卷风:又称龙卷。从积状云底延伸到陆面或水面的快速旋转空气柱。

3."主要强对流天气过程"选录标准

规定达到以下任一条件的强对流天气过程,记为 1 次"主要强对流天气过程"(适用于全国 10712 个国家级气象观测站)。

(1)该过程中,至少有 3 个相邻省(区、市)部分地区出现雷暴大风或冰雹,且至少有 1 个省(区、市)出现雷暴大风和冰雹站数占总观测站数比例达到 8%以上。

(2)该过程中,至少有 3 个相邻省(区、市)部分地区出现短时强降水,且至少有 1 个省(区、市)出现短时强降水站数占总观测站数比例达到 15%以上。

(3)该过程中，至少出现 1 次强龙卷或超强龙卷[①]。

4.“重大强对流天气事件”选录标准

在“主要强对流天气过程”中，根据强对流系统影响范围、强对流天气的极端性及其致灾情况等进行综合排序，遴选出本年 6～10 次“重大强对流天气事件”。

5. 其他需要说明的问题

资料日界：08 时至次日 08 时(北京时间)。

强对流天气站日：某站点在 1 d 内出现 1 次或多次强对流天气时，对应记录该站点出现 1 个强对流天气站日。

强对流天气站次：某站点在 1 h 内出现 1 次或多次强对流天气时，对应记录该站点出现 1 个强对流天气站次。1 d 内单个站点最多可记录到 24 个强对流天气站次。

受部分天气现象取消人工观测业务等因素影响，2014 年及之后的冰雹统计数据其连续性存在一定的局限性。

本年鉴表格中，涉及“主要影响省(区、市)”信息时，依据《中国地图册》中对全国各省(区、市)顺序进行排列：北京、天津、河北、山西、内蒙古、辽宁、吉林、黑龙江、上海、江苏、浙江、安徽、福建、江西、山东、河南、湖北、湖南、广东、广西、海南、重庆、四川、贵州、云南、西藏、陕西、甘肃、青海、宁夏、新疆、香港、澳门、台湾。

---

① 参考 2021 年发布的国家标准《龙卷风强度等级》(GB/T 40243—2021)。

目　　录

第 1 章

2019 年强对流天气特征综述

基于国家基准气候站、基本气象站和一般气象站观测资料，2019 年我国全年共计出现 ≥20 mm/h 短时强降水站日数为 6838 d，≥50 mm/h 短时强降水站日数为 412 d，均接近 1981—2010 年 30 年气候平均态值（图 1.1a、1.1b），总发生频次处于历史低位。其中，全年最大小时强降水出现在 7 月 17 日江苏如皋，降水强度为 161.9 mm/h，最强雷暴大风出现在 3 月 21 日广西临桂，瞬时风速达 60.3 m/s（17 级）。

此外，2019 年我国经确认的龙卷风过程有 8 次，共 9 个，其中强度达到强龙卷①以上的共计 4 个，分别发生在辽宁开原、广东徐闻、海南屯昌和儋州。7 月 3 日发生于辽宁开原的龙卷风强度达到超强等级①（相当于美国 EF4 级②）。

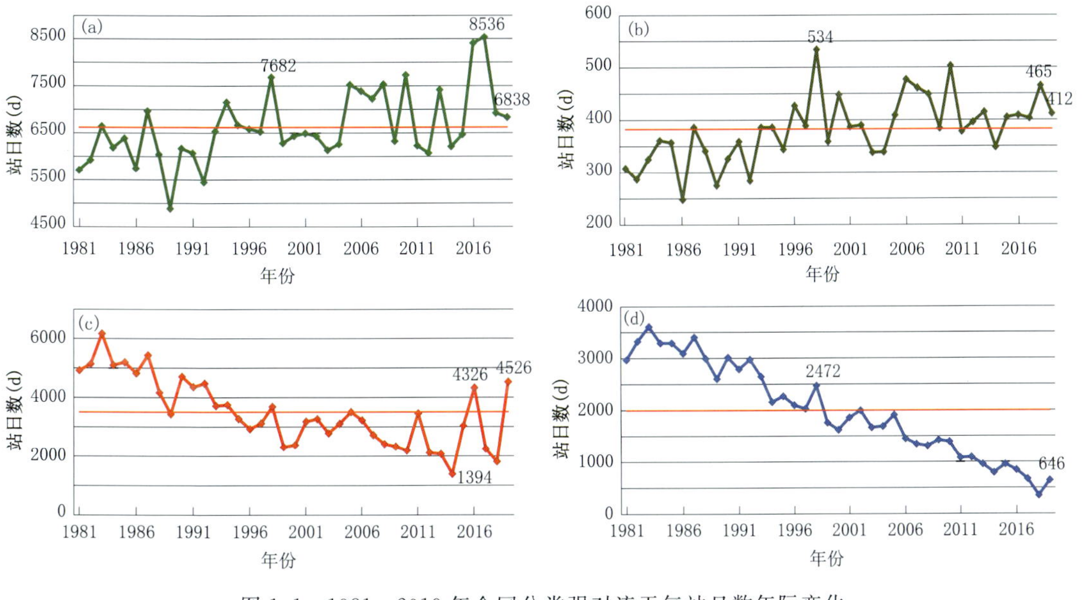

图 1.1　1981—2019 年全国分类强对流天气站日数年际变化

(a)≥20 mm/h 短时强降水；(b)≥50 mm/h 短时强降水；(c)≥17.2 m/s 雷暴大风；(d)冰雹

① 参考 2021 年发布的国家标准《龙卷风强度等级》(GB/T 40243—2021)。

② 参考美国国家天气局龙卷标准(Enhanced Fujita Scale)。

1.1 短时强降水时空分布特征

我国 2019 年短时强降水站日数的空间分布特征与 1981—2010 年气候平均态总体相似，其中在江南中南部和东北地区发生频次略偏多，江淮等地发生频次略偏少(图 1.2)。

如图 1.2b 所示，2019 年全国短时强降水站日数总体呈现自南向北减少的特征。华南地区出现短时强降水的站日数最多，一般为 5～15 d，广东广州和阳江等地最大达 21 d；黄淮东南部、江汉、江淮、江南、西南地区东部和南部等地站日数多达 2～6 d，其中江西中南部、福建中西部和贵州南部等部分地区达 8～10 d，江西资溪和贵州望谟达 14 d；黄淮中西部、华北中东部和东北地区站日数多为 1～4 d，其中河北满城、北京顺义和黑龙江讷河等局地达 6 d；包括内蒙古在内的我国西部大部分地区短时强降水站日数较少，以 0～1 d 为主。

2019 年全国≥50 mm/h 短时强降水呈零散分布(图略)，站日数仅在华南沿海部分地区可达到 3 d，黄河以南的中东部部分地区分散有 1～2 d 的站日数观测，而西北地区大部、青藏高原、内蒙古、东北地区等地极少出现 50 mm/h 以上的短时强降水。

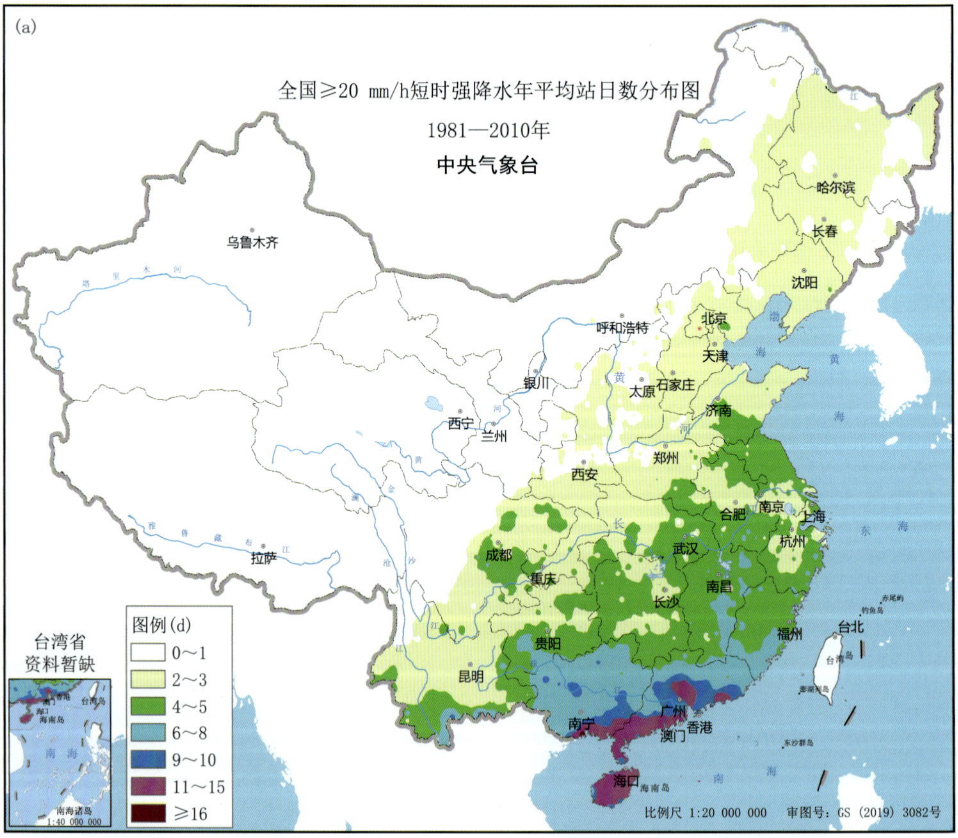

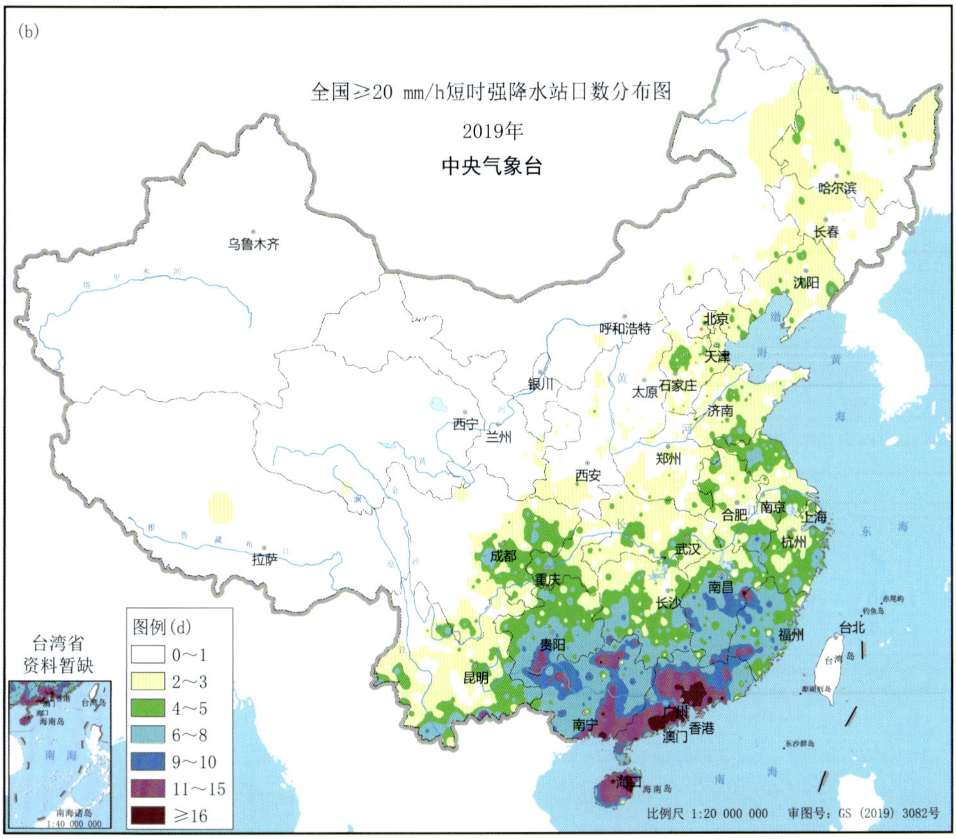

图1.2 全国短时强降水(≥20 mm/h)站日数分布
(a)1981—2010年平均;(b)2019年

季节分布对比(图1.3)显示,2019年我国短时强降水站日数季节分布特征与气候态特征相似。2019年,≥20 mm/h和≥50 mm/h的短时强降水均主要发生在夏季时段(6—8月),分别占全年短时强降水总站日数的70.7%和72.8%,春季略多于秋季,冬季基本无短时强降水天气。

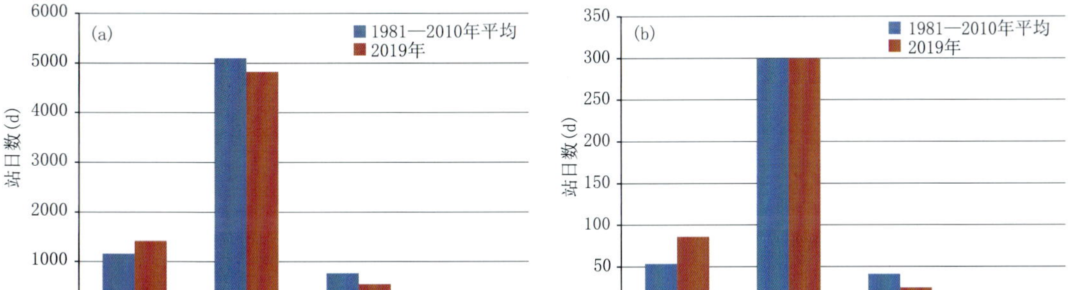

图1.3 1981—2010年平均与2019年全国强对流天气站日数季节分布
(a)≥20 mm/h短时强降水;(b)≥50 mm/h短时强降水

2019 年短时强降水站日数逐月累积(图 1.4)显示，1—3 月我国短时强降水频次较少，4 月起≥20 mm/h 短时强降水发生频次显著增加，并呈现逐月上升趋势，至 7—8 月(占全年 52.1%)达到峰值，之后经 9—10 月大幅下降后，11—12 月的发生频次极低。≥50 mm/h 短时强降水变化趋势总体与≥20 mm/h 的短时强降水相类似。

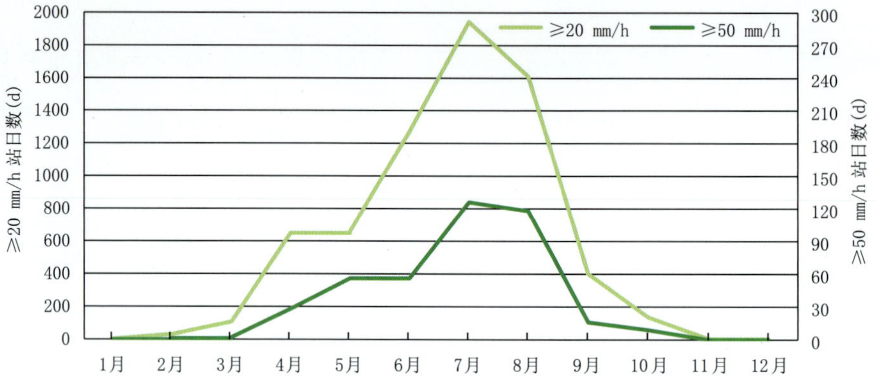

图 1.4　2019 年全国短时强降水站日数逐月累积

2019 年 3—10 月≥20 mm/h 的短时强降水站日数逐月空间分布如图 1.5 所示。1—2 月(图略)，仅在云南、广西、广东等地有零星短时强降水；3 月，华南和江南等地短时强降水频次略增加；4 月起，我国长江以南地区短时强降水频次显著增加，其中广东最为明显，黄淮、江汉、江淮、西南地区东部等地有零星短时强降水；5—6 月，我国短时强降水范围持续向北扩展，除华南部分地区外，总体频次持续增加，江南以及西南地区东部逐渐成为短时强降水中心；7 月，江南地区短时强降水频次为全年最多月份，同时华北、东北地区以及四川盆地等地短时强降水频次显著增加；8 月，短时强降水频次高值区分布在黄淮、江淮、华南以及四川盆地，而江南地区短时强降水日数显著下降；9 月，全国大部地区短时强降水频次显著下降，华南沿海部分地区为短时强降水相对高发地区；10 月，全国短时强降水频次继续下降，仅集中出现在西南地区东部和南部、华南等地；11—12 月(图略)，全国基本无短时强降水发生。

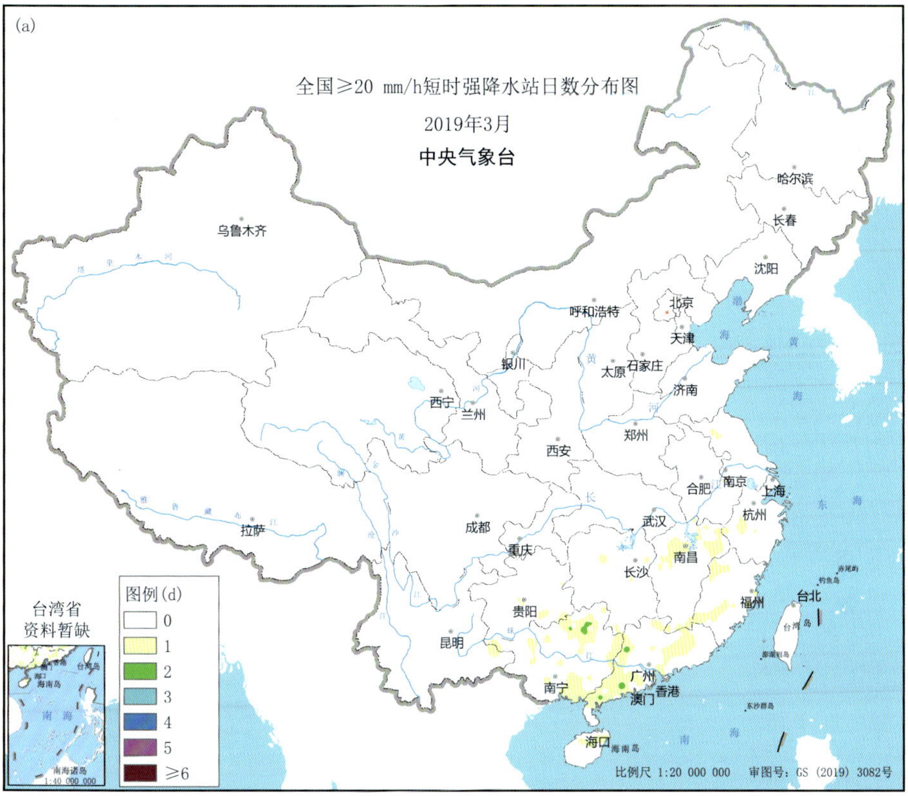
(a)
全国≥20 mm/h短时强降水站日数分布图
2019年3月
中央气象台
乌鲁木齐
哈尔滨
长春
沈阳
呼和浩特
北京
天津
银川
太原
石家庄
济南
西宁
兰州
西安
郑州
合肥
南京
上海
杭州
拉萨
成都
武汉
重庆
南昌
长沙
贵阳
福州
台北
昆明
南宁
广州
澳门
香港
海口
台湾省
资料暂缺
图例 (d)
0
1
2
3
4
5
≥6
比例尺 1:20 000 000　审图号: GS (2019) 3082号

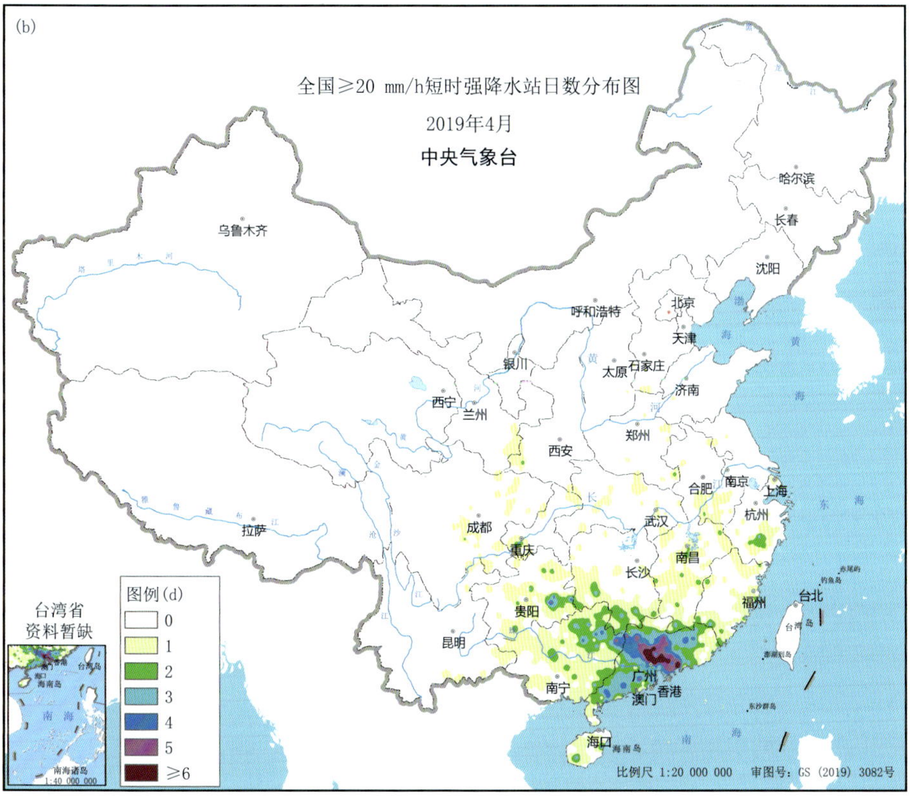
(b)
全国≥20 mm/h短时强降水站日数分布图
2019年4月
中央气象台
乌鲁木齐
哈尔滨
长春
沈阳
呼和浩特
北京
天津
银川
太原
石家庄
济南
西宁
兰州
西安
郑州
合肥
南京
上海
杭州
拉萨
成都
武汉
重庆
南昌
长沙
贵阳
福州
台北
昆明
南宁
广州
澳门
香港
海口
台湾省
资料暂缺
图例 (d)
0
1
2
3
4
5
≥6
比例尺 1:20 000 000　审图号: GS (2019) 3082号

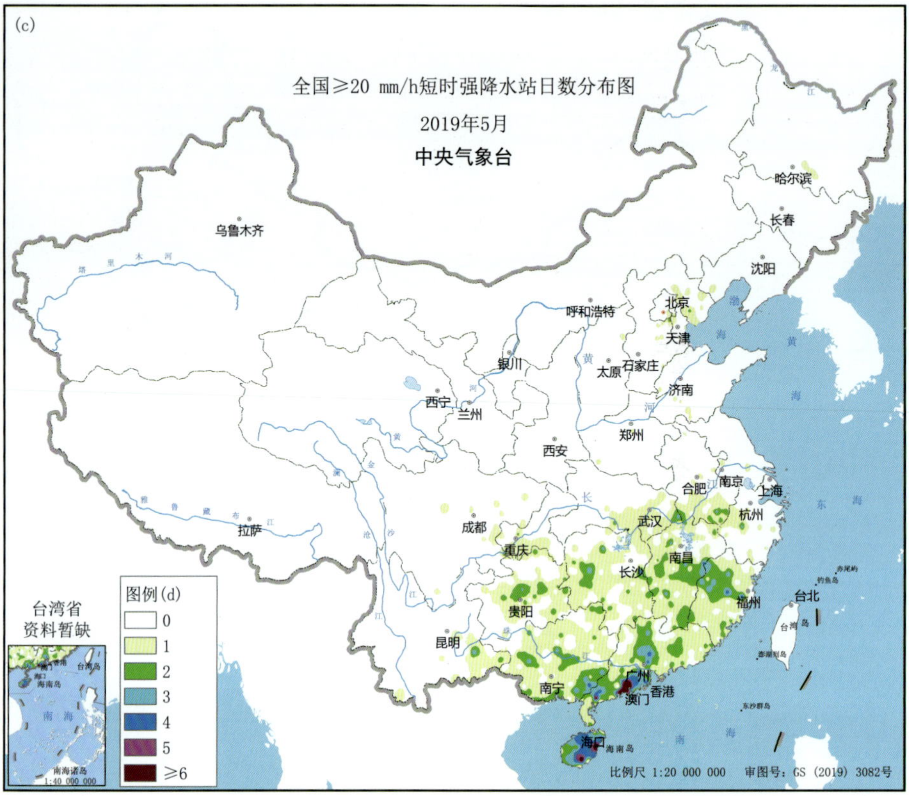
(c)
全国≥20 mm/h短时强降水站日数分布图
2019年5月
中央气象台
图例(d)
0
1
2
3
4
5
≥6
台湾省
资料暂缺
比例尺 1:20 000 000
审图号：GS (2019) 3082号

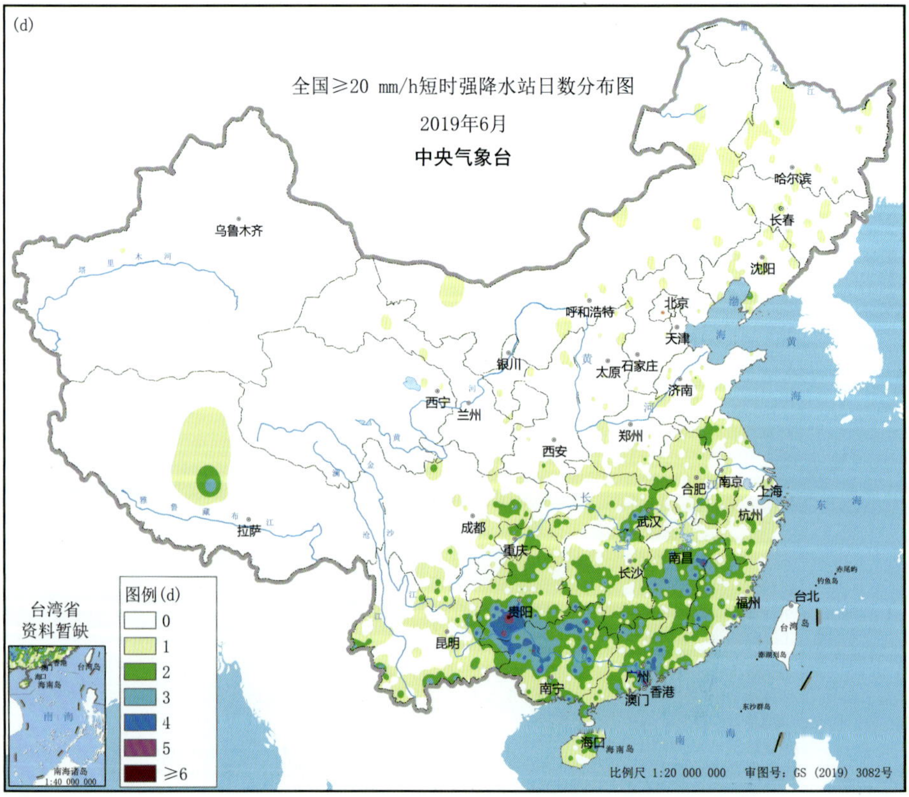
(d)
全国≥20 mm/h短时强降水站日数分布图
2019年6月
中央气象台
图例(d)
0
1
2
3
4
5
≥6
台湾省
资料暂缺
比例尺 1:20 000 000
审图号：GS (2019) 3082号

(e)
全国≥20 mm/h短时强降水站日数分布图
2019年7月
中央气象台
乌鲁木齐
哈尔滨
长春
沈阳
北京
天津
呼和浩特
银川
太原
石家庄
济南
西宁
兰州
郑州
西安
合肥
南京
上海
杭州
拉萨
成都
重庆
武汉
南昌
长沙
贵阳
福州
台北
昆明
南宁
广州
香港
澳门
海口
海南岛
台湾省
资料暂缺
图例(d)
0
1
2
3
4
5
≥6
比例尺 1:20 000 000
审图号：GS (2019) 3082号

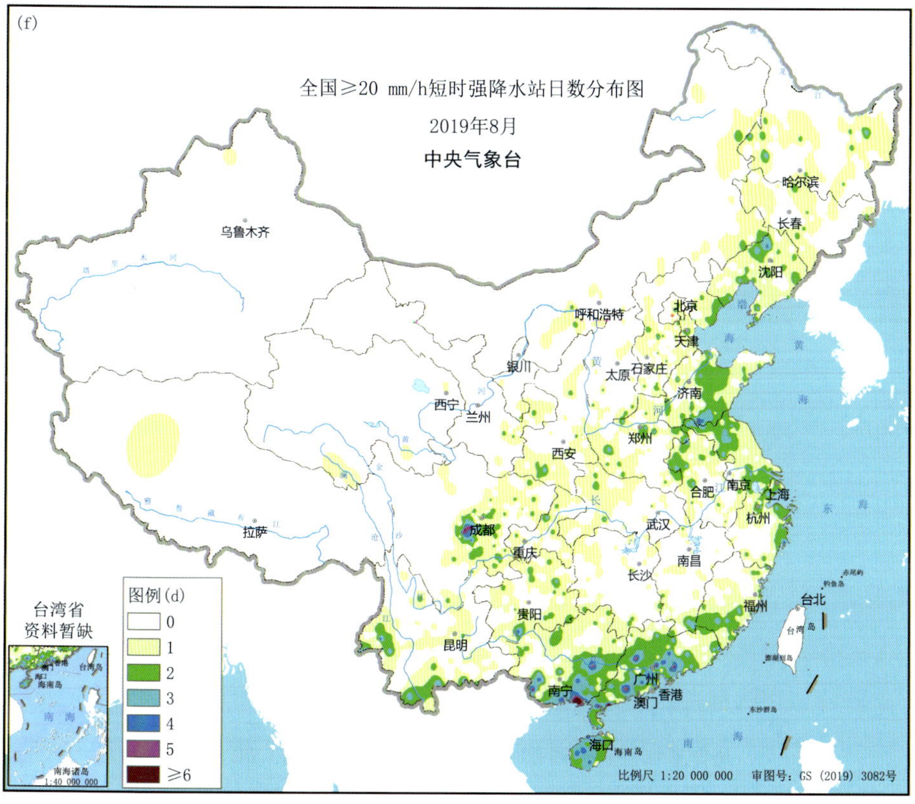
(f)
全国≥20 mm/h短时强降水站日数分布图
2019年8月
中央气象台
乌鲁木齐
哈尔滨
长春
沈阳
北京
天津
呼和浩特
银川
太原
石家庄
济南
西宁
兰州
郑州
西安
合肥
南京
上海
杭州
拉萨
成都
重庆
武汉
南昌
长沙
贵阳
福州
台北
昆明
南宁
广州
香港
澳门
海口
海南岛
台湾省
资料暂缺
图例(d)
0
1
2
3
4
5
≥6
比例尺 1:20 000 000
审图号：GS (2019) 3082号

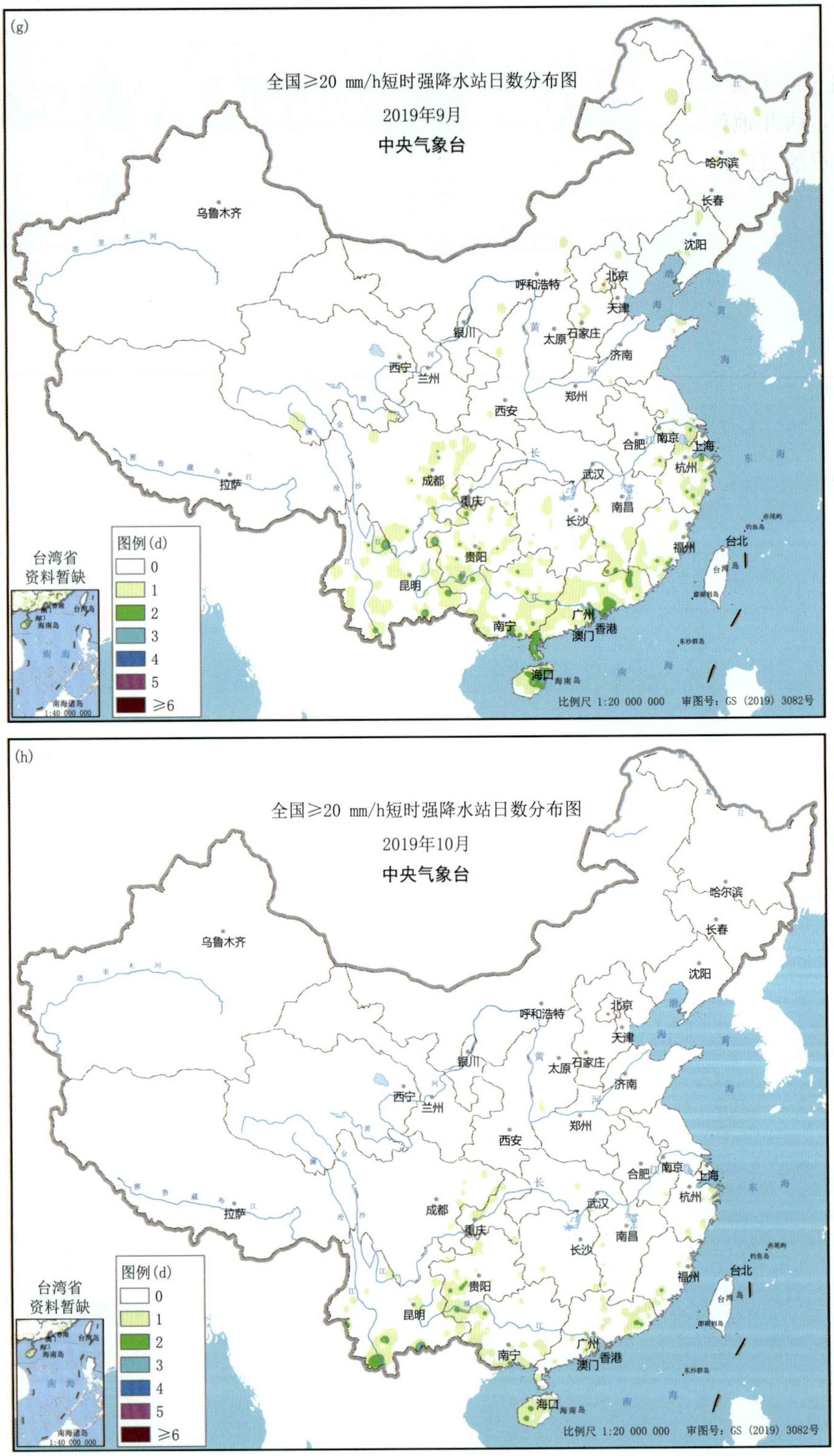

图 1.5　2019 年 3—10 月短时强降水（≥20 mm/h）发生站日数空间分布

(a)3 月；(b)4 月；(c)5 月；(d)6 月；(e)7 月；(f)8 月；(g)9 月；(h)10 月

2019 年≥50 mm/h 的短时强降水站日数逐月空间分布(图略)显示，1—2 月全国基本无≥50 mm/h 的短时强降水发生；3—4 月华南和西南地区东南部略有增加，江南和四川盆地有零星发生；5 6 月，江汉、江南、华南及西南地区东南部等地的≥50 mm/h 的短时强降水频次明显增加，西北地区东南部、华北、黄淮、江淮及东北地区有零星出现；7 月，南方大部地区变化不大，但黄淮、江淮、华北、东北及四川盆地发生频次显著增加；8 月，全国大部地区略减少，尤其江南中西部减少较明显，相对高频发区位于四川盆地、江南东部、黄淮及东北地区；9—10 月，全国大部显著减少，除华南、西南地区东部和南部外，其他地区均较为稀少；11—12 月，全国基本无≥50 mm/h 的短时强降水。

1.2　雷暴大风时空分布特征

2019 年我国雷暴大风的站日数分布特征与 1981—2010 年气候平均态相比总体呈现出整体影响范围偏广、南方地区频次偏多等特点(图 1.6)。除青藏高原外，我国大部分地区发生雷暴大风的站日数偏多，空间分布上除青藏高原东部、内蒙古中部、华北北部为明显高发地区之外，西南地区、华南以及东北地区也呈现出相对高发的特征。

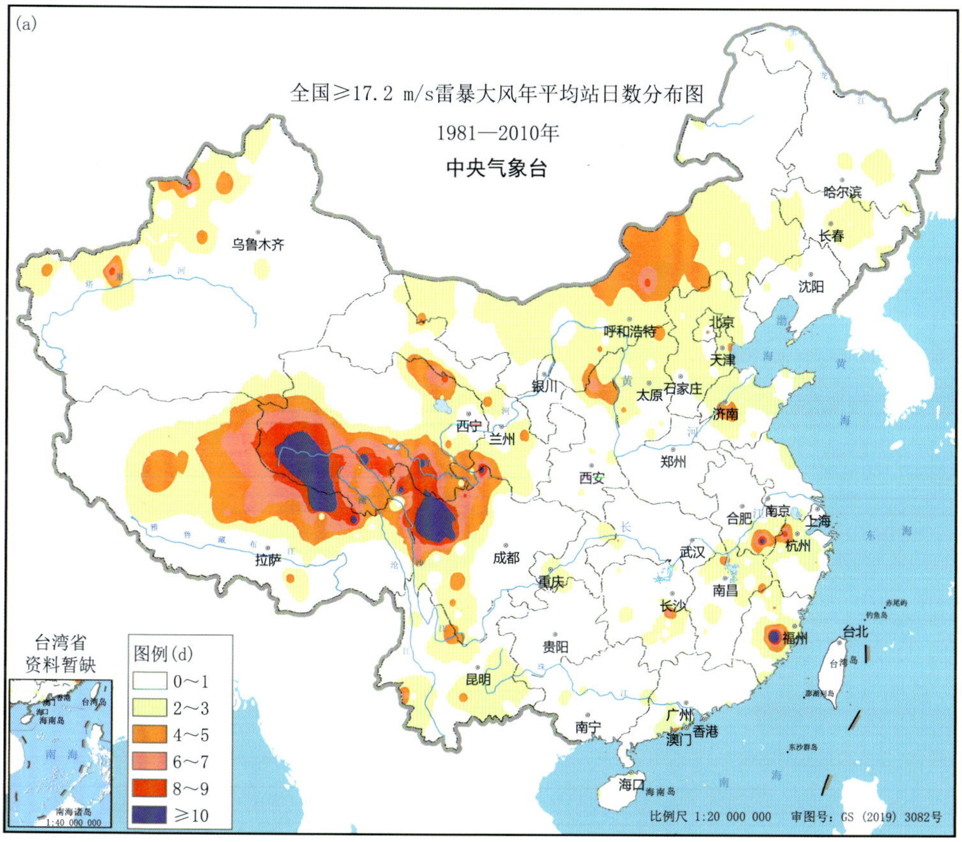

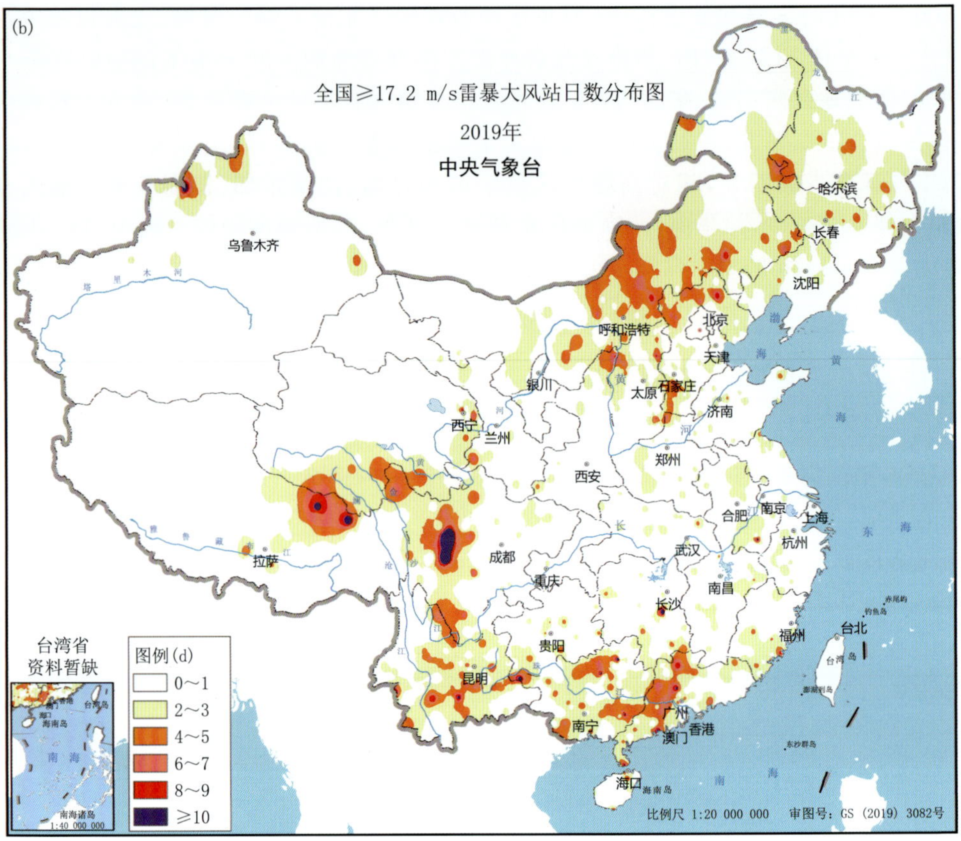

图 1.6　全国雷暴大风站日数分布

(a)1981—2010 年平均；(b)2019 年

2019 年我国雷暴大风站日数频发区域为内蒙古中部、青藏高原东部、川西高原、西南地区南部和华南等地，多为 3～8 d，个别站点达 10～20 d；华北、东北地区中北部、新疆西部多为 2～5 d，其中河北西北部和南部个别站点达 7～9 d；其余大部地区雷暴大风站日数多为 1～3 d。

季节分布对比（图 1.7a）显示，我国雷暴大风主要发生在春（3—5 月）、夏（6—8 月）两季，但其中 2019 年春季雷暴大风发生总站日数达 1654 d，显著高于 1981—2010 年历史同期水平。

2019 年雷暴大风站日数逐月累积（图 1.7b）显示，1—2 月我国雷暴大风频次较低，3 月起明显上升，4—8 月为雷暴大风的高发月份，其中 7 月最强达 987 d，9 月起雷暴大风频次显著下降，10—12 月发生频次已很低。

2019 年 3—10 月雷暴大风发生站日数逐月空间分布如图 1.8 所示。1 月（图略），全国基本无雷暴大风天气出现；2 月（图略），我国雷暴大风天气集中出现在云南等地；3—4 月，我国雷暴大风发生区域逐步扩大，至 4 月，包括东北地区中部在内的中东部大部地区均有雷暴大风天气出现，高发区主要集中在云南南部和川西高原等地；5 月，我国北方地区雷暴大风频次显著增加，高发区集中在内蒙古、华北北部和东北地区等地，南方大部地区雷暴大风频次明显减少；6 月起，全国雷暴大风发生的范围和频次总体上均有所增强。6—8 月雷暴大风在北方的高发

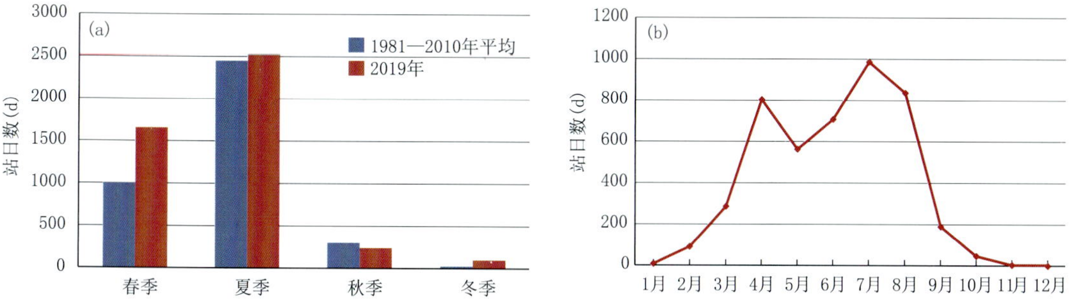

图 1.7　1981—2010 年平均与 2019 年雷暴大风站日数季节分布(a)和
2019 年雷暴大风站日数逐月分布(b)

区主要集中在内蒙古中部、华北北部、东北地区以及新疆西北部等地，南方雷暴大风高发区集中在华南、江南东南部以及青藏高原东部和川西高原等地。其中 7 月，江淮的雷暴大风呈现相对频发特征；进入 9 月，全国大部分地区雷暴大风显著减少，仅青藏高原东部仍为频发区域；10 月，除青海东部外，全国大部分地区雷暴大风已较为稀少；11—12 月(图略)，全国基本无雷暴大风天气出现。

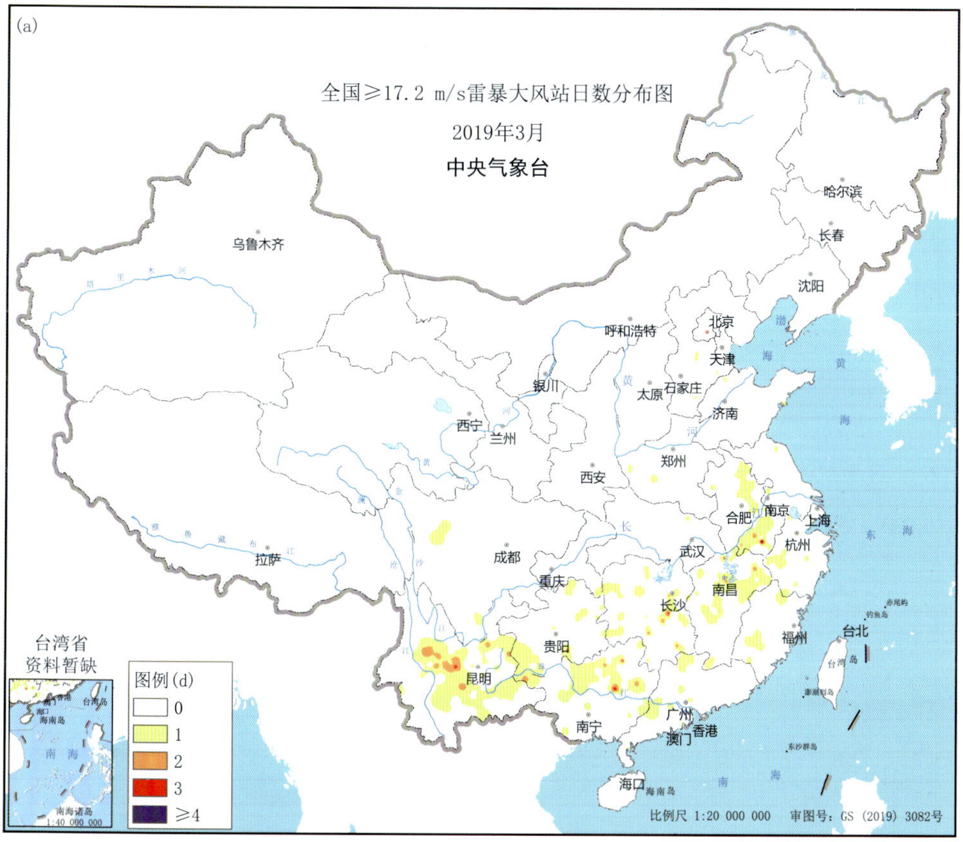

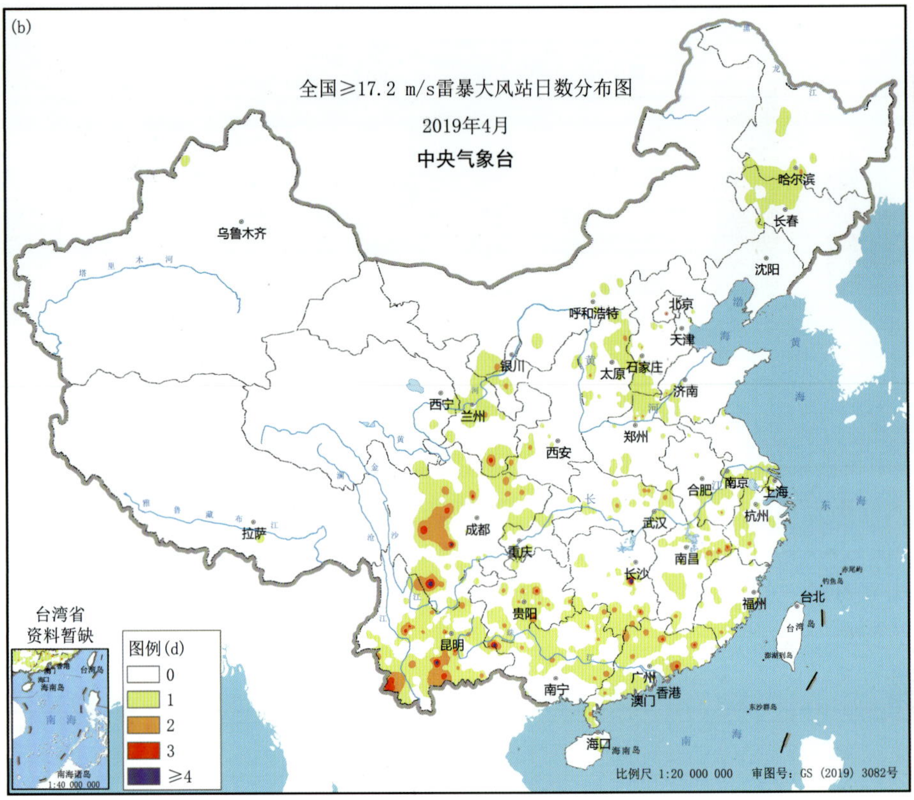
(b)
全国≥17.2 m/s雷暴大风站日数分布图
2019年4月
中央气象台
乌鲁木齐
哈尔滨
长春
沈阳
北京
天津
呼和浩特
石家庄
太原
济南
银川
西宁
兰州
郑州
西安
合肥
南京
上海
杭州
武汉
成都
重庆
南昌
长沙
拉萨
福州
台北
贵阳
昆明
广州
香港
澳门
南宁
海口
台湾省
资料暂缺
图例(d)
0
1
2
3
≥4
比例尺 1:20 000 000
审图号：GS（2019）3082号

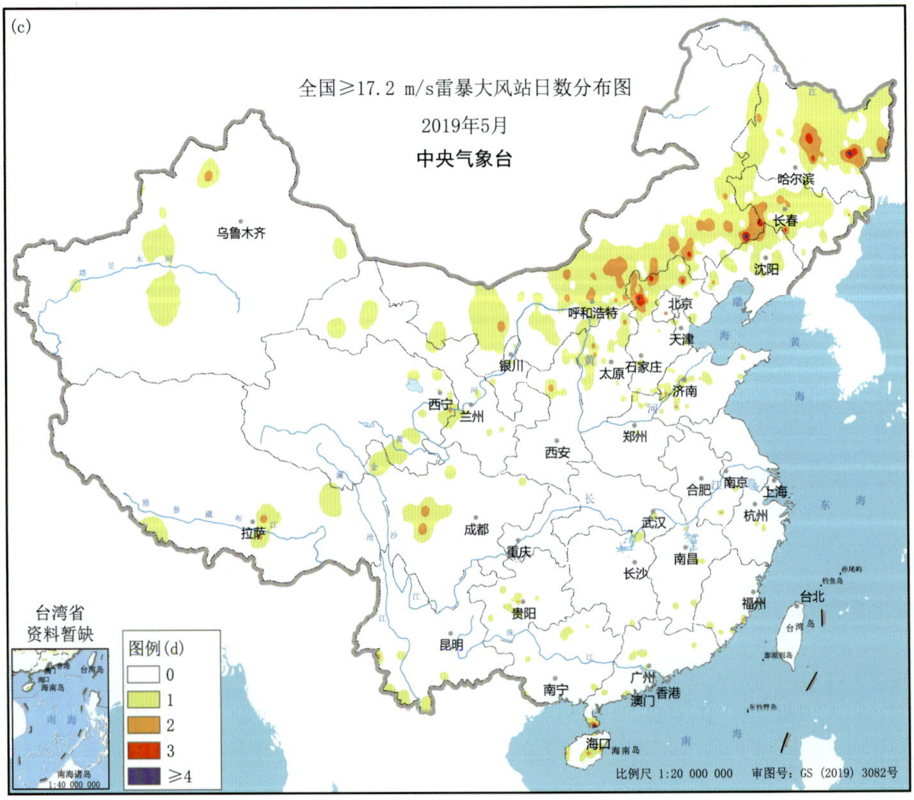
(c)
全国≥17.2 m/s雷暴大风站日数分布图
2019年5月
中央气象台
乌鲁木齐
哈尔滨
长春
沈阳
北京
天津
呼和浩特
石家庄
太原
济南
银川
西宁
兰州
郑州
西安
合肥
南京
上海
杭州
武汉
成都
重庆
南昌
长沙
拉萨
福州
台北
贵阳
昆明
广州
香港
澳门
南宁
海口
台湾省
资料暂缺
图例(d)
0
1
2
3
≥4
比例尺 1:20 000 000
审图号：GS（2019）3082号

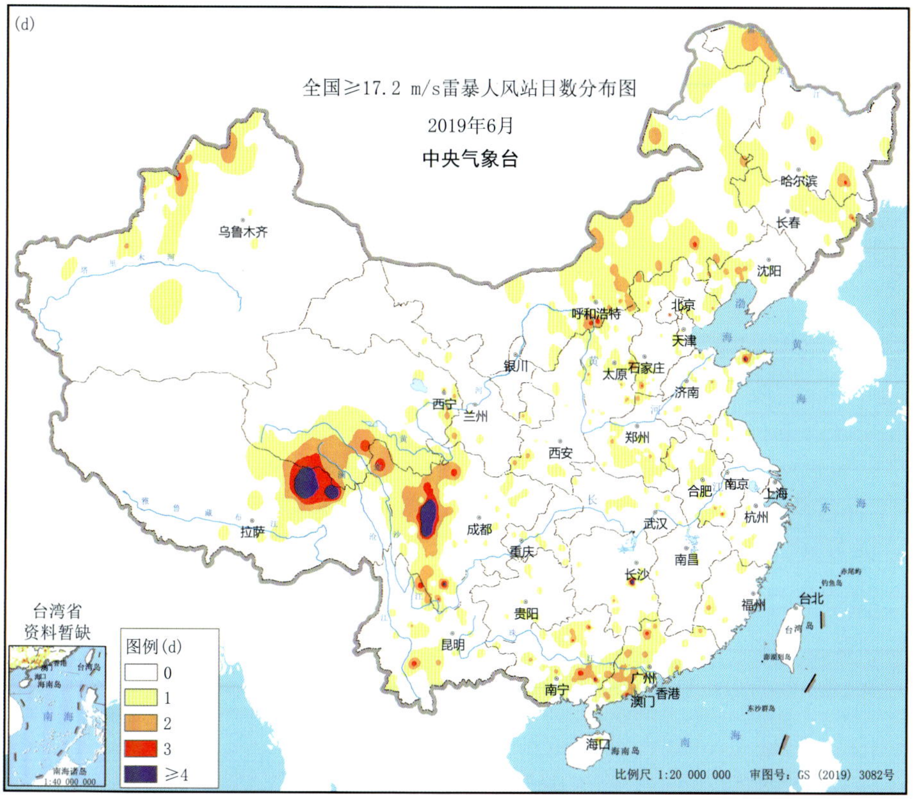
(d)
全国≥17.2 m/s雷暴人风站日数分布图
2019年6月
中央气象台
乌鲁木齐
哈尔滨
长春
沈阳
呼和浩特
北京
天津
银川
太原
石家庄
济南
西宁
兰州
郑州
西安
合肥
南京
上海
拉萨
成都
武汉
杭州
重庆
南昌
长沙
福州
台北
贵阳
昆明
广州
南宁
香港
澳门
海口
台湾省
资料暂缺
图例(d)
0
1
2
3
≥4
比例尺 1:20 000 000
审图号：GS (2019) 3082号

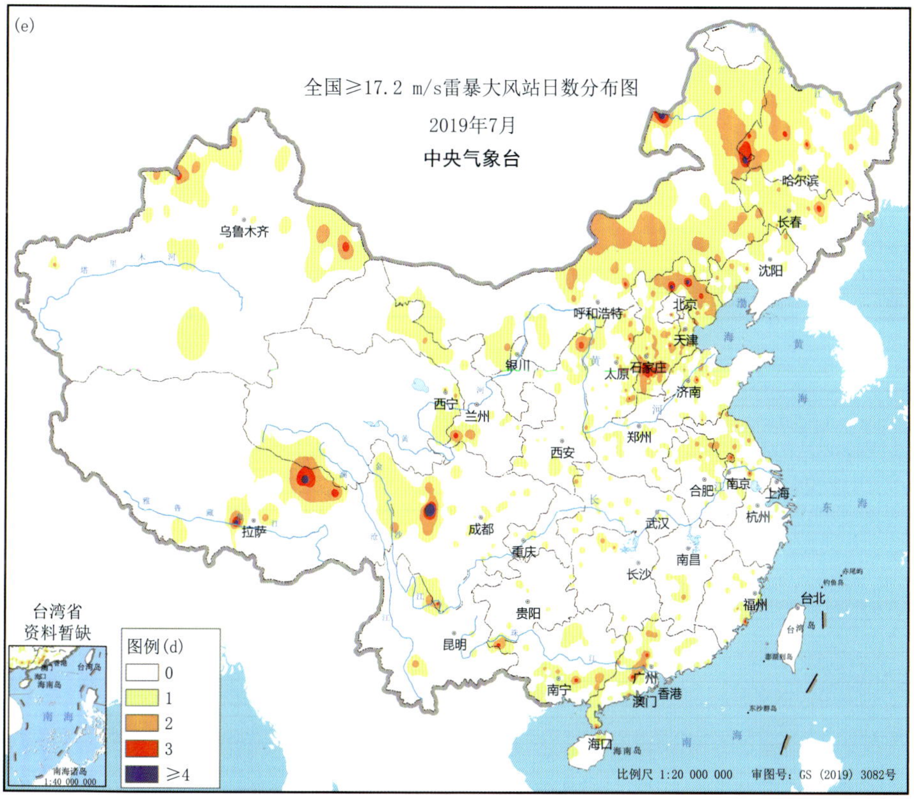
(e)
全国≥17.2 m/s雷暴大风站日数分布图
2019年7月
中央气象台
乌鲁木齐
哈尔滨
长春
沈阳
呼和浩特
北京
天津
银川
太原
石家庄
济南
西宁
兰州
郑州
西安
合肥
南京
上海
拉萨
成都
武汉
杭州
重庆
南昌
长沙
福州
台北
贵阳
昆明
广州
南宁
香港
澳门
海口
台湾省
资料暂缺
图例(d)
0
1
2
3
≥4
比例尺 1:20 000 000
审图号：GS (2019) 3082号

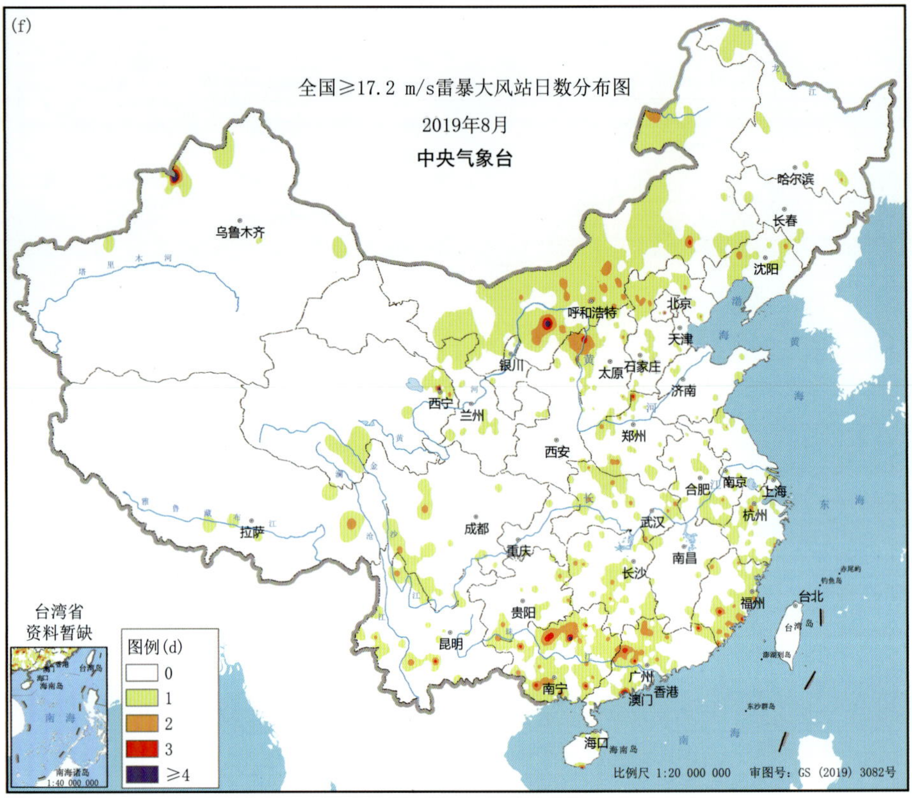
(f)
全国≥17.2 m/s雷暴大风站日数分布图
2019年8月
中央气象台
乌鲁木齐
哈尔滨
长春
沈阳
北京
天津
呼和浩特
银川
太原
石家庄
济南
西宁
兰州
郑州
西安
南京
上海
合肥
杭州
拉萨
成都
武汉
重庆
南昌
长沙
福州
台北
贵阳
昆明
南宁
广州
香港
澳门
海口
台湾省
资料暂缺
图例(d)
0
1
2
3
≥4
比例尺 1:20 000 000
审图号：GS（2019）3082号

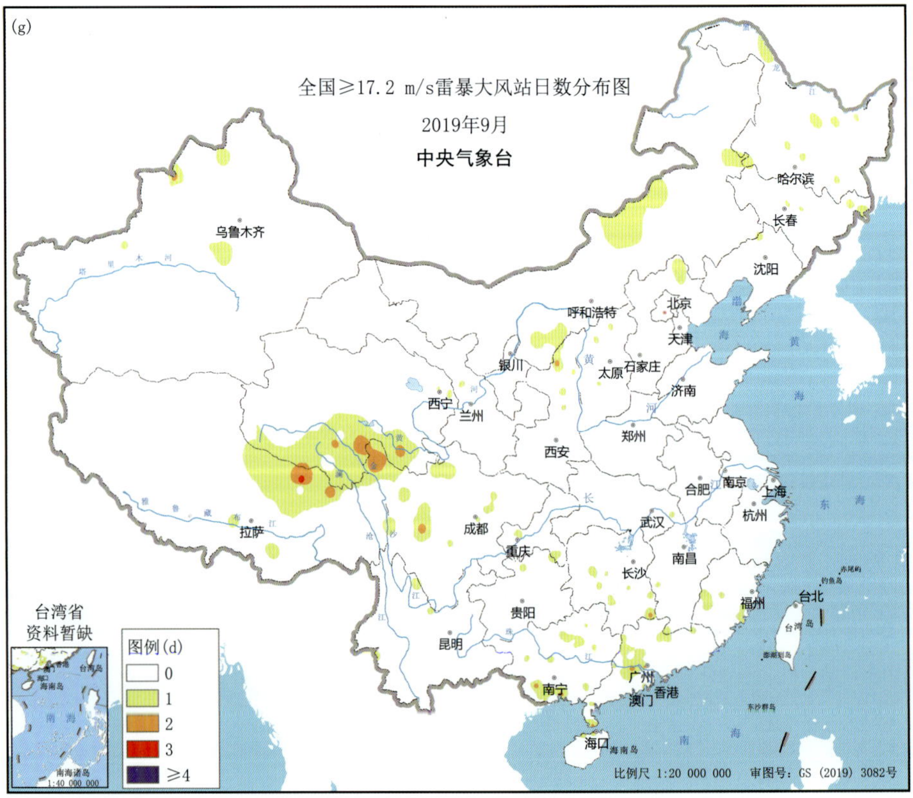
(g)
全国≥17.2 m/s雷暴大风站日数分布图
2019年9月
中央气象台
乌鲁木齐
哈尔滨
长春
沈阳
北京
天津
呼和浩特
银川
太原
石家庄
济南
西宁
兰州
郑州
西安
南京
上海
合肥
杭州
拉萨
成都
武汉
重庆
南昌
长沙
福州
台北
贵阳
昆明
南宁
广州
香港
澳门
海口
台湾省
资料暂缺
图例(d)
0
1
2
3
≥4
比例尺 1:20 000 000
审图号：GS（2019）3082号

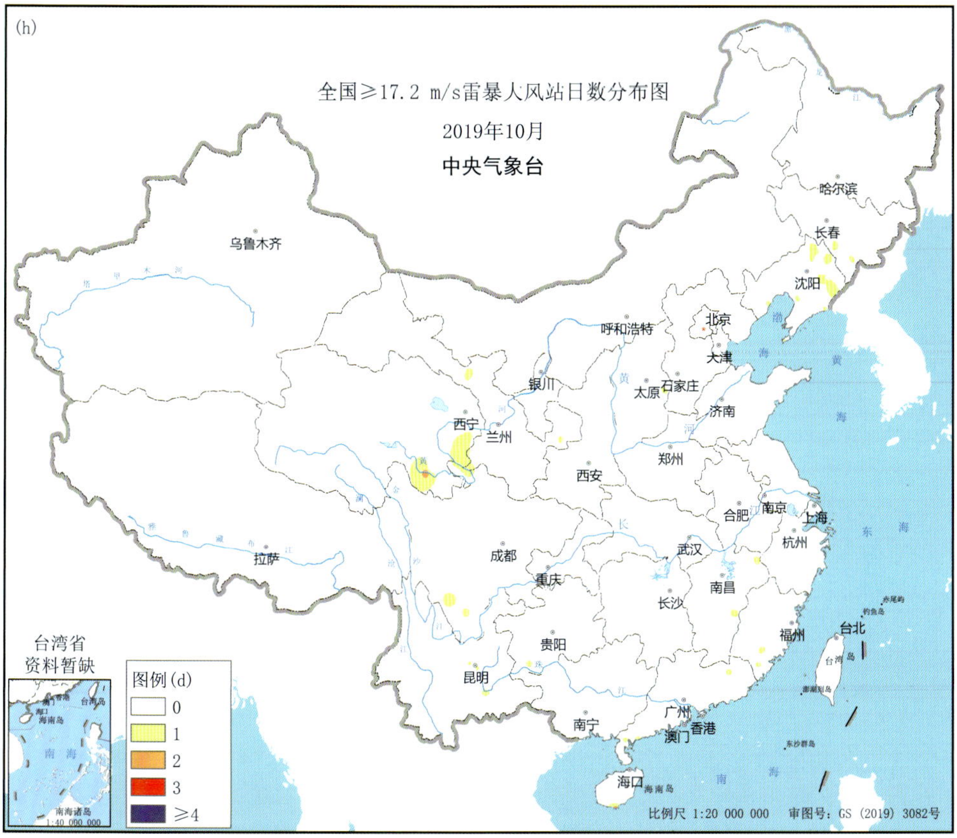

图 1.8　2019 年 3—10 月雷暴大风站日数空间分布

(a)3 月；(b)4 月；(c)5 月；(d)6 月；(e)7 月；(f)8 月；(g)9 月；(h)10 月

1.3　冰雹时空分布特征

受人工观测业务变化等影响，2019 年我国冰雹发生的总站日数明显低于 1981—2010 年平均值。

季节分布对比(图 1.9a)显示，我国的冰雹主要出现在春季和夏季。2019 年冰雹站日数的逐月累积(图 1.9b)显示，1—4 月冰雹频次逐月大幅上升，4 月达到全年顶峰，5—8 月全国冰雹天气发生频次均明显少于 4 月，9 月之后仅有零星冰雹观测。

2019 年冰雹发生日数的逐月空间分布(图略)显示，1 月，全国基本无冰雹天气出现；2 月，贵州的冰雹频次显著增加，江南和华南零星出现；3 月，西南地区、江南、华南的冰雹频次均显著上升，西北地区东南部、黄淮和江淮零星发生；4 月，冰雹发生区域向北推进到华北，西北地区东南部和黄淮等地冰雹频次均有所增加，长江以南地区变化不大；5—6 月，东北地区也开始出现冰雹天气，但全国大部分地区冰雹显著减少；7—8 月，全国冰雹天气主要集中发生在华北和黄淮；9 月起，全国大部分地区冰雹已较少发生。

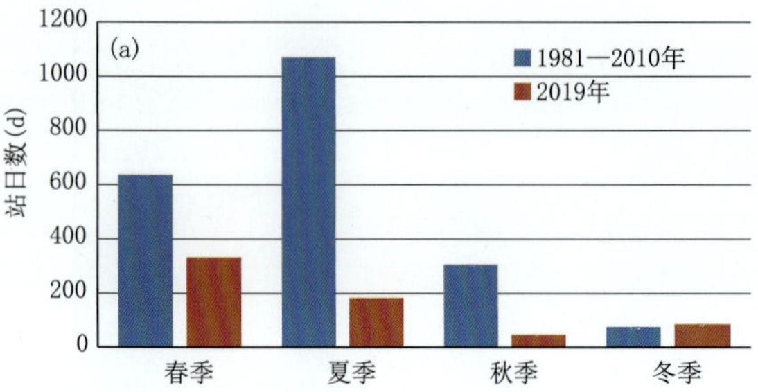

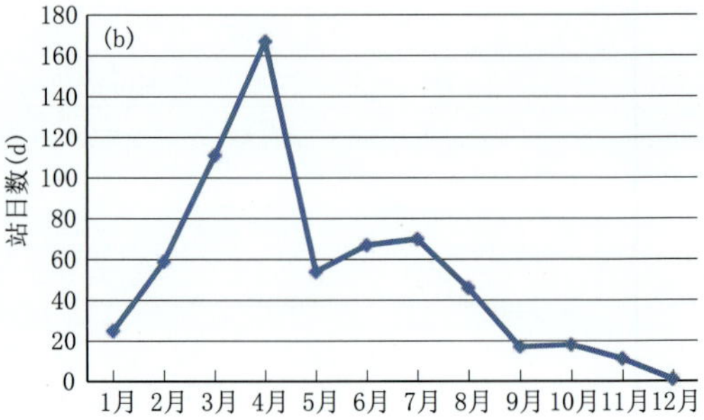

图 1.9 1981—2010 年平均与 2019 年冰雹站日数季节分布(a)和 2019 年冰雹天气站日数逐月分布(b)

1.4 龙卷风实况特征

2019 年我国经确认的龙卷风过程有 8 次，共 9 个①。其中，包含超强龙卷 1 个、强龙卷 3 个、中等强度龙卷 2 个、弱龙卷②或强度等级不详龙卷 3 个(表 1.1)。9 个龙卷分别出现在黑龙江、辽宁、山东、广东、海南 5 个省，并造成人员伤亡和经济财产损失。

2019 年我国经确认的强度等级在中等强度或以上龙卷风共 6 个，较 2004—2013 年 10 年平均数③(14.3 个)明显偏少，但全年记录到共计 4 个强龙卷或超强龙卷，多于 2004—2013 年平均数③(2.2 个)。其中，7 月 3 日的辽宁开原超强龙卷是辽宁第一次有完整记录的超强龙卷，也是我国自 1961 年以来记录到的第 7 个超强龙卷。

表 1.1 2019 年全国龙卷过程及灾情

日期	大概时间	地点	强度等级
4 月 13 日	14 时 09—18 分	广东徐闻	强
4 月 19 日	17 时	海南定安	不详
6 月 18 日	16 时 30 分	黑龙江黑河	不详
7 月 3 日	17 时 17—47 分	辽宁开原	超强
8 月 16 日	15 时 44 分	辽宁营口	中等强度
8 月 27 日	05 时 52—58 分	辽宁大连	中等强度
8 月 28 日	16 时 40 分	山东威海	不详
8 月 29 日	02 时 54 分—03 时 01 分	海南屯昌	强
8 月 29 日	04 时 03—09 分	海南儋州	强

① 李彩玲，黄先香，蔡康龙，等，2020. 2019 年中国龙卷等对流大风过程及灾情特征[J]. 气象科技进展，10(1)：9-16.

② 全国气象防灾减灾标准化技术委员会，2021. 龙卷风强度等级：GB/T 40243—2021[OL]. http://www.cmastd.cn/standardView.jspx?id=3652.

③ 范雯杰，俞小鼎，2015. 中国龙卷的时空分布特征[J]. 气象，41(7)：793-805.

第 2 章
2019 年主要强对流天气过程

本章对 2019 年 34 次主要强对流天气过程的基本天气形势、强对流实况进行简要描述，并给出各次过程的强对流天气实况图。

2.1　主要强对流天气过程综述

2019 年我国共发生 34 次主要强对流天气过程。其中首次主要强对流天气过程发生在 2 月 17—18 日，西南地区多地出现大范围雷暴大风和冰雹天气，时间上较常年平均偏早 23～25 d；影响我国北方地区的第一次主要强对流天气过程发生在 4 月 13 日，山西、河北、山东等地出现雷暴大风和冰雹天气；最后一次主要强对流天气过程发生在 8 月 28—29 日，时间上较常年平均偏早 16～18 d，广西、广东、海南等地出现雷暴大风和短时强降水天气，海南出现强龙卷。

从天气类型、时间分布、影响区域等方面，将全年 34 次主要强对流天气过程统计特征归纳如下：

由天气类型统计信息表明，2019 年我国 34 次主要强对流天气过程中，有 13 次为雷暴大风、冰雹、短时强降水混合型强对流天气过程，12 次以雷暴大风和冰雹为主，6 次以短时强降水为主，3 次以龙卷为主。

由逐月分布统计信息表明，春季是 2019 年强对流过程的高发季节，3—5 月共计发生 18 次主要强对流天气过程，占全年 53%。全年中，4 月发生强对流天气过程次数达 10 次，其次为 7 月，共计发生 6 次，5 月和 6 月均为 5 次。

由受影响省（区、市）统计信息表明，受影响最多的省份为广西、广东和河北，受到 9 次过程影响；其次是内蒙古，受影响 8 次；贵州、安徽和江西受影响 7 次。此外，7 月是 2019 年主要强对流天气过程影响范围最广的月份。

2.2 主要强对流天气过程简介

第 1 次主要强对流天气过程:2 月 17 日 14 时—18 日 20 时

2 月 17—18 日,500 hPa 南支槽东移,配合低层偏南急流共同影响云南、贵州及华南等地。对流活动在触发后,东移发展形成多条线状对流和飑线。

地面站观测显示,云南、贵州、广西南部等地出现较大范围雷暴大风和冰雹,华南中南部出现短时强降水,局地超过 50 mm/h(表 2.1、图 2.1)。

表 2.1 2 月 17 日 14 时—18 日 20 时过程强对流实况

最强对流天气实况					
短时强降水			雷暴大风		
位置	雨强(mm/h)	时间	位置	风速(m/s)	时间
广东台山	55.3	2 月 18 日 13 时	云南得禄	30.4	2 月 17 日 15 时
海南乐东	53.9	2 月 18 日 07 时	云南倘塘	27.9	2 月 17 日 15 时
海南万宁	46.9	2 月 18 日 10 时	云南东山	26.5	2 月 17 日 16 时

分省强对流实况统计(站次)						
省份	短时强降水			雷暴大风		冰雹
	≥20 mm/h	≥50 mm/h	≥80 mm/h	≥8 级	≥10 级	
海南	16	1	0	1	0	
云南	0	0	0	116	17	1
广东	42	1	0	1	0	
广西	23	0	0	10	0	1
贵州	0	0	0	5	1	11

注:表中标注为红色的省(区、市)为达到"主要强对流天气过程"选录标准的关键省(区、市),下同。

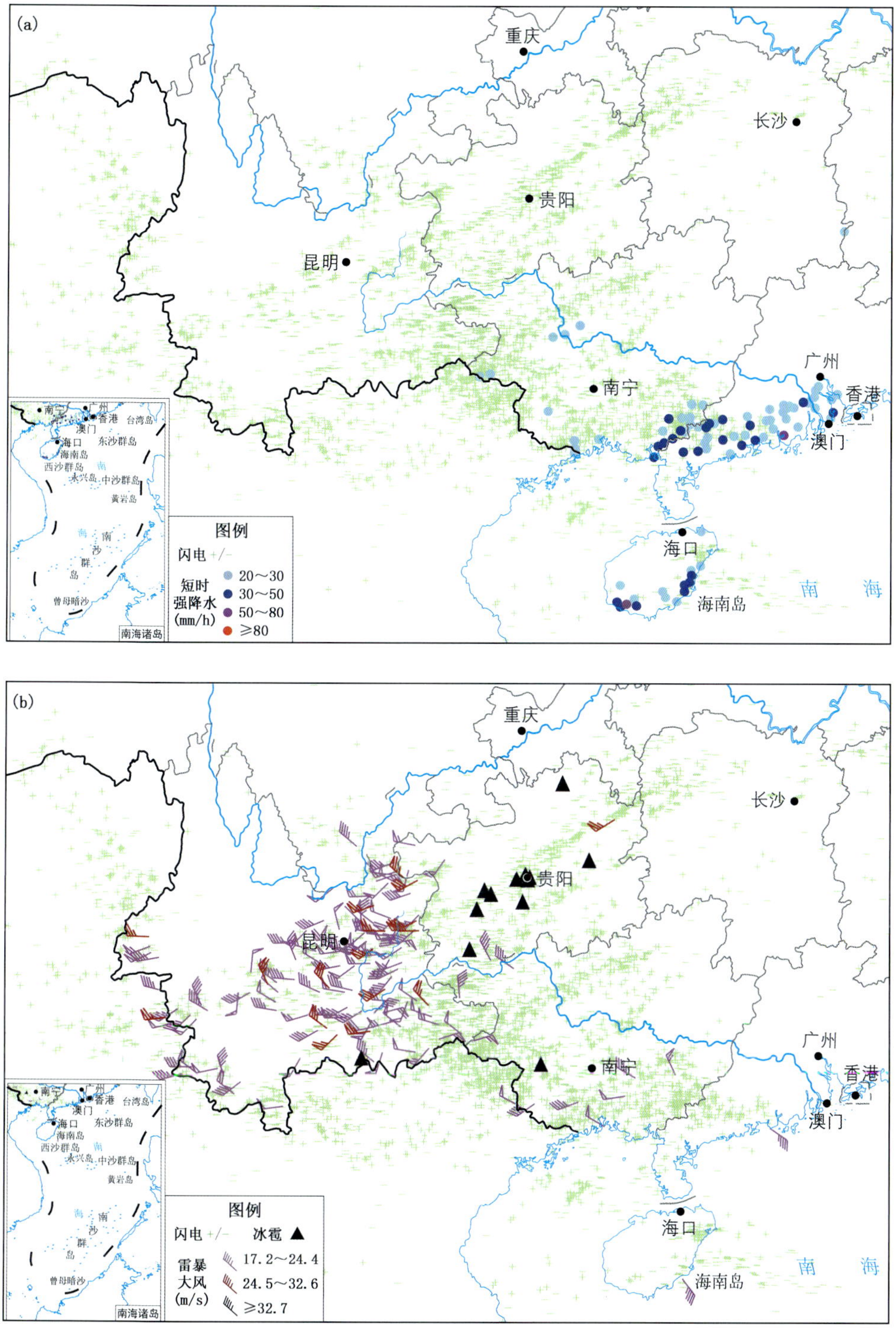

图 2.1　2 月 17 日 14 时—18 日 20 时过程强对流实况

(a)闪电和短时强降水；(b)闪电、冰雹和雷暴大风

第 2 次主要强对流天气过程：3 月 19 日 20 时—22 日 08 时

3 月 19—22 日，500 hPa 西风槽东移，低层西南急流建立并显著加强，配合南下的冷锋和低层切变线共同影响黄淮南部、江淮、江南、西南地区东部和南部等地。对流活动触发后发展为多条线状对流和飑线。

地面站观测显示，西南地区东部和南部、江汉、江淮、江南和华南北部出现大范围雷暴大风和冰雹，广西北部局地出现 12 级以上雷暴大风，江南等地出现短时强降水，局地超过 50 mm/h（表 2.2、图 2.2）。

表 2.2　3 月 19 日 20 时—22 日 08 时过程强对流实况

最强对流天气实况					
短时强降水			雷暴大风		
位置	雨强（mm/h）	时间	位置	风速（m/s）	时间
湖南桃源	57.4	3 月 21 日 01 时	广西临桂	60.3	3 月 21 日 22 时
广西临桂	47.9	3 月 21 日 22 时	江西庐山	34.4	3 月 20 日 02 时
江西进贤	46.1	3 月 21 日 08 时	福建建宁	34.2	3 月 21 日 20 时

分省强对流实况统计（站次）						
省份	短时强降水			雷暴大风		冰雹
	≥20 mm/h	≥50 mm/h	≥80 mm/h	≥8 级	≥10 级	
浙江	18	0	0	40	6	
安徽	11	0	0	58	7	3
江西	67	0	0	88	13	19
湖南	16	1	0	39	1	
江苏	3	0	0	12	0	1
湖北	3	0	0	13	1	
广西	19	0	0	17	1	
重庆	2	0	0	9	1	
贵州	1	0	0	23	3	2
云南	0	0	0	38	1	

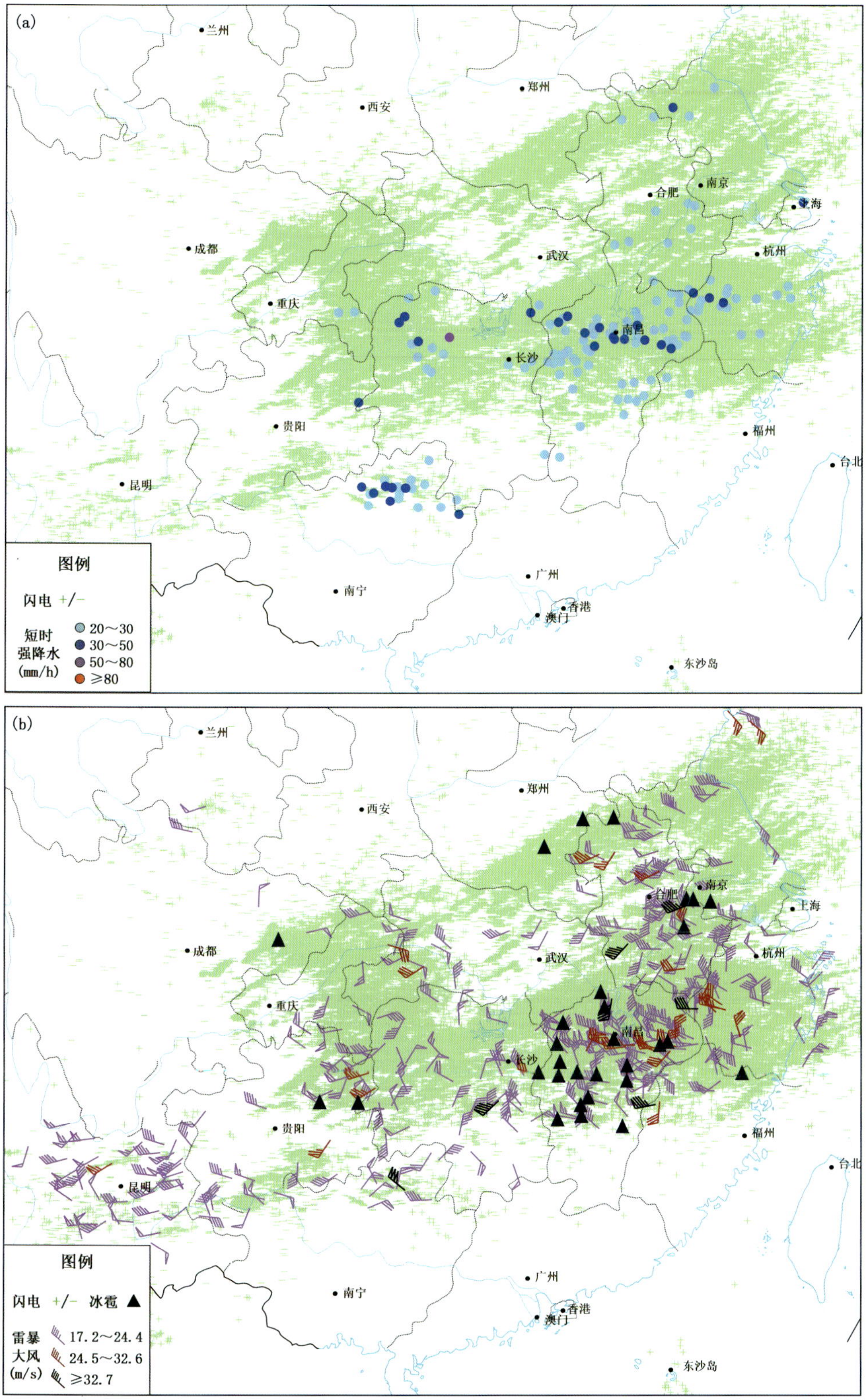

图 2.2　3 月 19 日 20 时—22 日 08 时过程强对流实况

(a)闪电和短时强降水；(b)闪电、冰雹和雷暴大风

第 3 次主要强对流天气过程:3 月 28 日 08 时—29 日 20 时

3 月 28—29 日，500 hPa 南支槽东移，配合低层切变线及地面冷锋共同影响西南地区、华南等地。对流活动在云南、广西等地触发后，东移过程中发展形成多条线状对流。

地面站观测显示，云南和广西北部等地出现大范围雷暴大风和冰雹，局地出现 12 级以上雷暴大风；江南南部和华南北部出现短时强降水，局地超过 70 mm/h(表 2.3、图 2.3)。

表 2.3　3 月 28 日 08 时—29 日 20 时过程强对流实况

最强对流天气实况					
短时强降水			雷暴大风		
位置	雨强(mm/h)	时间	位置	风速(m/s)	时间
广西融安	74.4	3 月 29 日 03 时	广西河池	36.7	3 月 29 日 03 时
广东曲江	67.1	3 月 29 日 11 时	广东龙川	28.3	3 月 29 日 15 时
广西融水	44.0	3 月 29 日 03 时	云南大红山	25.8	3 月 28 日 17 时

分省强对流实况统计(站次)						
省份	短时强降水			雷暴大风		冰雹
	≥20 mm/h	≥50 mm/h	≥80 mm/h	≥8 级	≥10 级	
福建	49	0	0	7	0	
广西	46	1	0	32	6	2
云南	0	0	0	39	4	1
广东	16	1	0	2	1	1

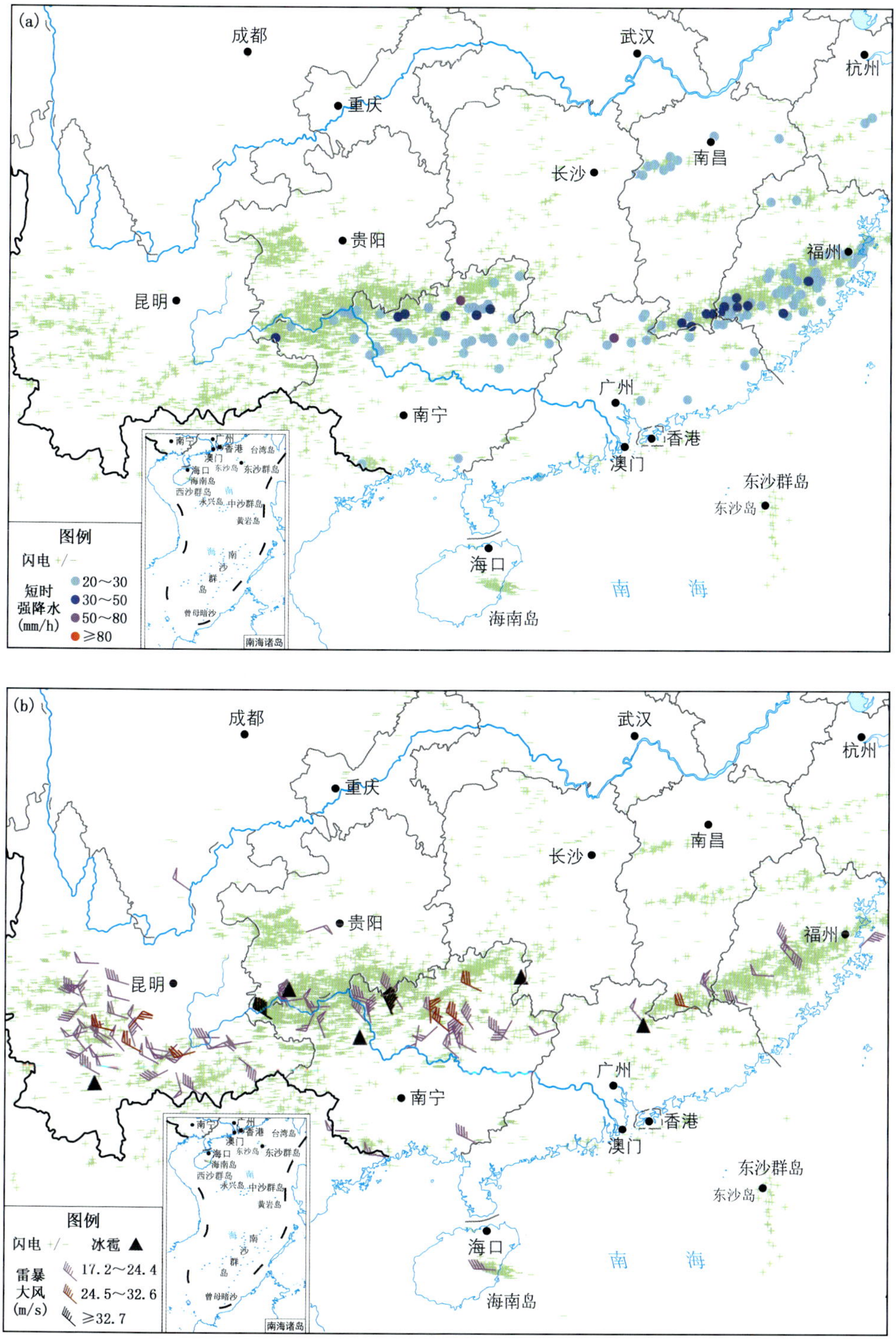

图 2.3　3 月 28 日 08 时—29 日 20 时过程强对流实况

(a)闪电和短时强降水；(b)闪电、冰雹和雷暴大风

第 4 次主要强对流天气过程:3 月 30 日 20 时—4 月 1 日 20 时

3 月 30 日—4 月 1 日,500 hPa 短波槽东移,配合低层切变线及地面冷锋共同影响西南地区及华南中西部等地。对流活动在贵州和广西等地触发后,向东偏南发展并形成线状对流和飑线。

地面站观测显示,贵州中部、广西、广东西部和海南出现大范围短时强降水,局地超过 80 mm/h,云南和广西等地出现雷暴大风和冰雹(表 2.4、图 2.4)。

表 2.4　3 月 30 日 20 时—4 月 1 日 20 时过程强对流实况

最强对流天气实况					
短时强降水			雷暴大风		
位置	雨强(mm/h)	时间	位置	风速(m/s)	时间
广西陆川	86.0	4 月 1 日 00 时	云南湾碧	28.4	4 月 1 日 16 时
广东阳西	84.1	3 月 31 日 16 时	广东德庆	26.8	3 月 31 日 16 时
广西博白	82.3	3 月 31 日 23 时	云南华坪	26.4	4 月 1 日 16 时

分省强对流实况统计(站次)						
省份	短时强降水			雷暴大风		冰雹
	≥20 mm/h	≥50 mm/h	≥80 mm/h	≥8 级	≥10 级	
广西	75	11	2	8	1	5
海南	22	2	0	0	0	
云南	4	0	0	37	3	
广东	34	7	1	5	2	
贵州	16	1	0	5	0	

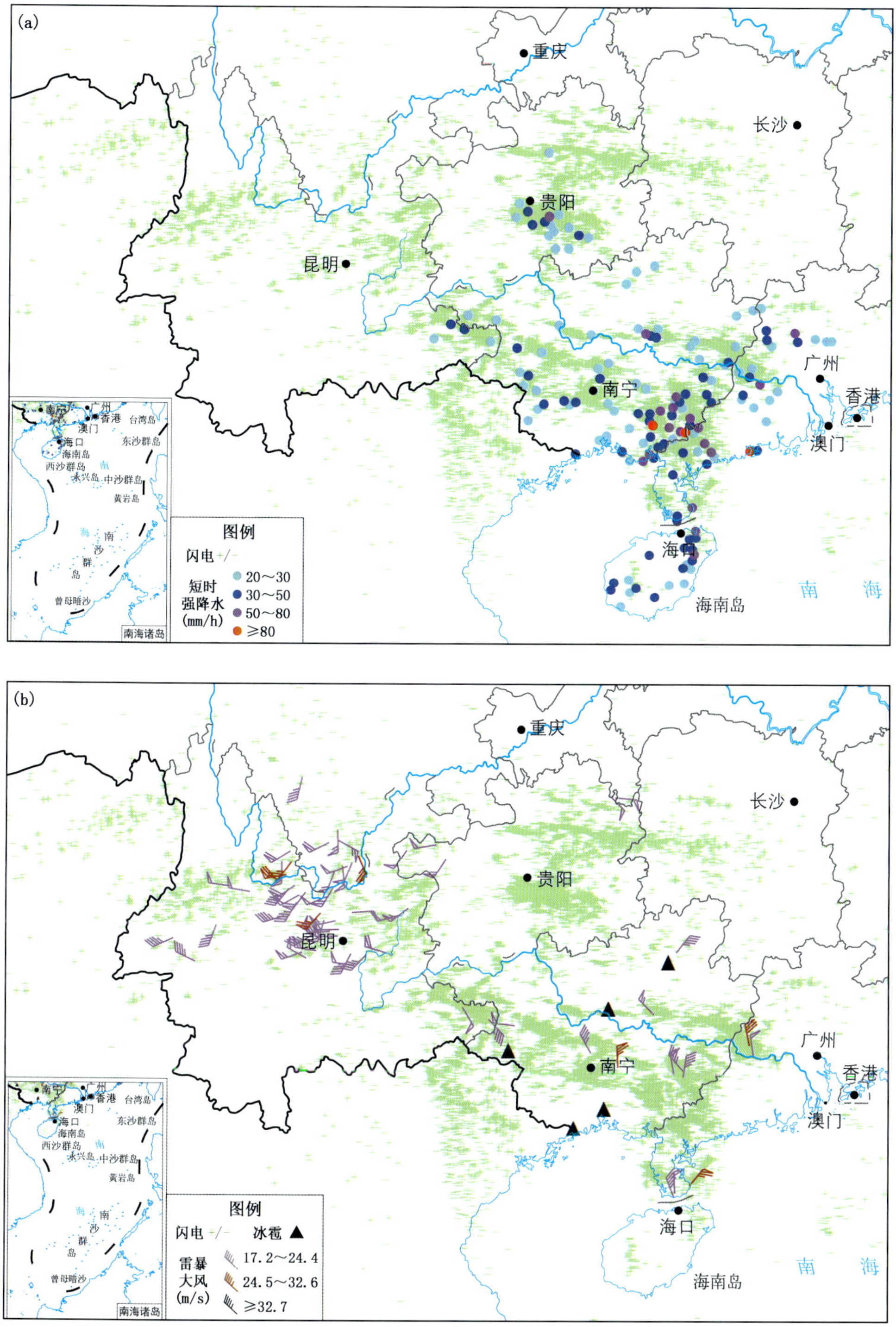

图2.4 3月30日20时—4月1日20时过程强对流实况
(a)闪电和短时强降水；(b)闪电、冰雹和雷暴大风

第5次主要强对流天气过程:4月8日20时—10日08时

4月8—10日,500 hPa西风槽东移,低层西南急流建立并显著加强,西南涡发展东移进入江淮地区形成江淮气旋,配合南下的地面冷锋共同影响我国西南地区东部、黄淮、江汉、江淮和江南等地。对流活动在湖北中部和河南中南部触发后,东移发展形成飑线。

地面站观测显示,西南地区东部、黄淮西部、江汉、江淮及江南北部出现大范围雷暴大风,局地超过12级,部分地区出现短时强降水(表2.5、图2.5)。

表2.5　4月8日20时—10日08时过程强对流实况

最强对流天气实况					
短时强降水			雷暴大风		
位置	雨强(mm/h)	时间	位置	风速(m/s)	时间
安徽五河	46.8	4月9日08时	浙江衢州	35.6	4月9日19时
安徽颍上	44.4	4月9日05时	江苏苏州	34.5	4月9日13时
河南光山	43.4	4月9日04时	湖北红安	32.9	4月9日05时

分省强对流实况统计(站次)						
省份	短时强降水			雷暴大风		冰雹
	≥20 mm/h	≥50 mm/h	≥80 mm/h	≥8级	≥10级	
上海	2	0	0	15	0	
江苏	6	0	0	48	2	1
浙江	9	0	0	35	5	
安徽	43	0	0	43	2	2
江西	3	0	0	43	0	5
湖北	28	0	0	32	4	3
重庆	3	0	0	18	2	
河南	19	0	0	25	0	
湖南	7	0	0	14	0	
四川	5	0	0	32	6	1

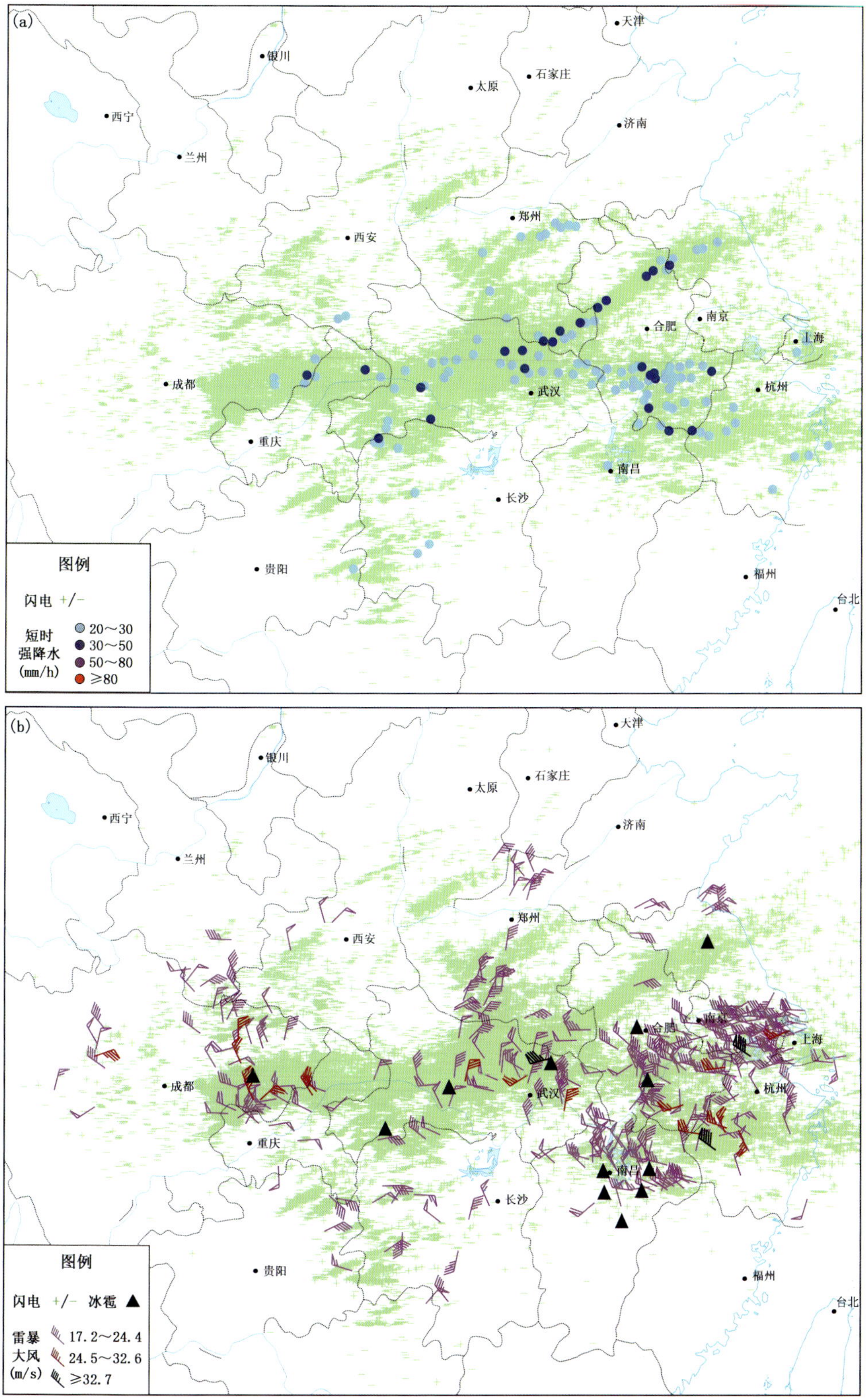

图 2.5　4 月 8 日 20 时—10 日 08 时过程强对流实况

(a)闪电和短时强降水；(b)闪电、冰雹和雷暴大风

第 6 次主要强对流天气过程:4 月 10 日 20 时—12 日 20 时

4 月 10—12 日,500 hPa 南支槽东移,配合低层切变线和地面冷锋共同影响西南地区东部、江南、华南等地。江南对流活动触发后,东移发展为线状对流;华南对流活动在广西境内触发后,向东南方向移动并发展为多条线状对流和飑线。

地面站观测显示,华南出现大范围雷暴大风和短时强降水,广西东部和广东南部沿海局地出现 12 级雷暴大风,广东沿海局地短时强降水超过 70 mm/h,福建、江西局地出现冰雹(表 2.6、图 2.6)。

表 2.6　4 月 10 日 20 时—12 日 20 时过程强对流实况

最强对流天气实况					
短时强降水			雷暴大风		
位置	雨强(mm/h)	时间	位置	风速(m/s)	时间
广东吴川	78.7	4 月 12 日 14 时	广东增城	34.0	4 月 11 日 16 时
广东阳东	76.2	4 月 12 日 10 时	广西容县	33.1	4 月 11 日 17 时
广东开平	69.6	4 月 11 日 20 时	广东遂溪	25.9	4 月 12 日 08 时

分省强对流实况统计(站次)						
省份	短时强降水			雷暴大风		冰雹
	≥20 mm/h	≥50 mm/h	≥80 mm/h	≥8 级	≥10 级	
广东	108	14	0	21	3	
福建	5	0	0	3	1	3
广西	64	1	0	11	3	

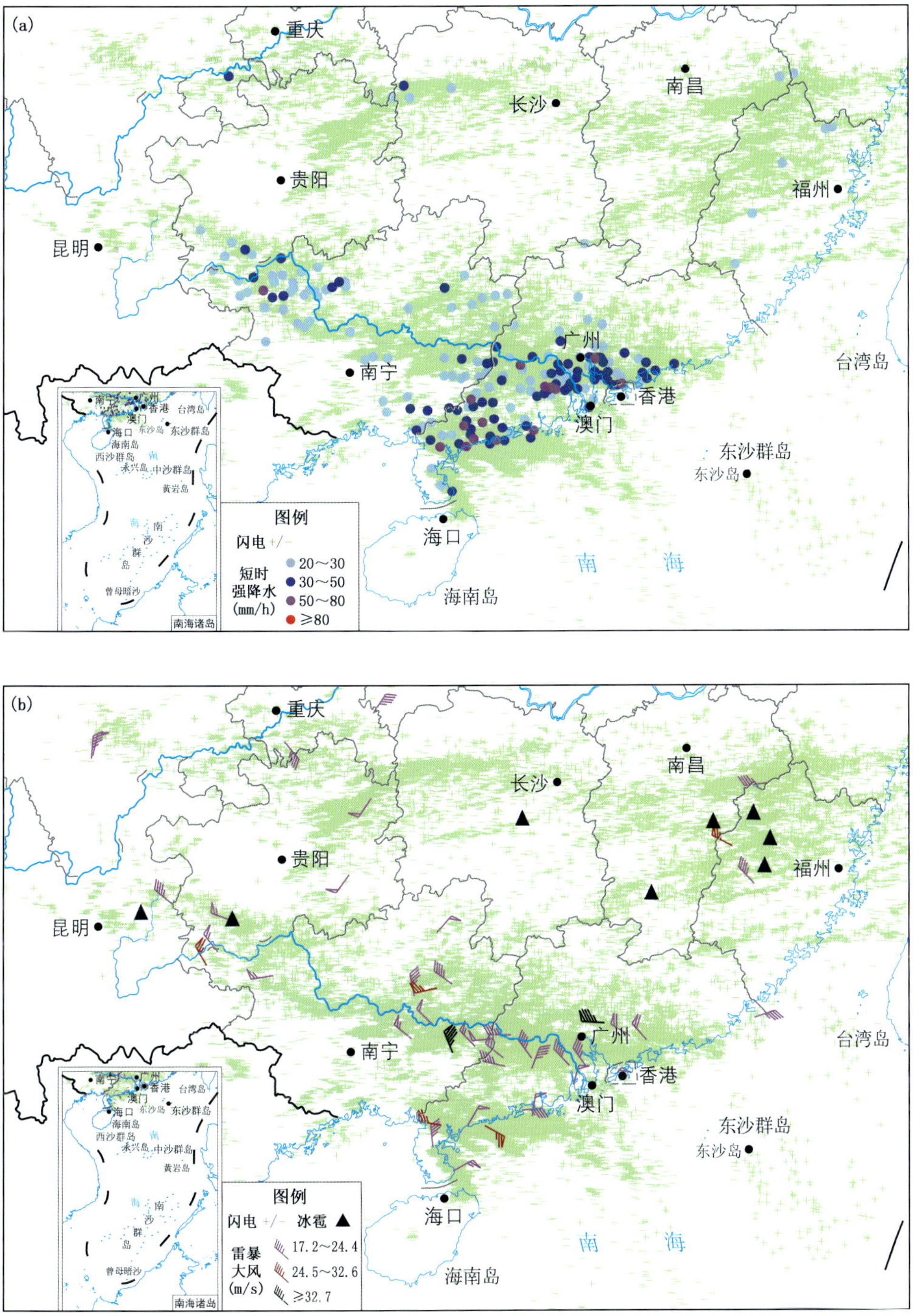

图 2.6　4 月 10 日 20 时—12 日 20 时过程强对流实况

(a)闪电和短时强降水；(b)闪电、冰雹和雷暴大风

第 7 次主要强对流天气过程:4 月 13 日 05 时—13 日 20 时

4 月 13 日，500 hPa 副热带高压北界位于华南南部沿海，受低空东南急流影响，广西东南部和广东西南部沿海不断有对流活动触发并发展。

地面站观测显示，广东西南部出现 30～70 mm/h 的短时强降水，局地超过 100 mm/h（表 2.7、图 2.7），其中广东徐闻出现强龙卷。

表 2.7　4 月 13 日 05 时—13 日 20 时过程强对流实况

最强对流天气实况					
短时强降水			雷暴大风		
位置	雨强（mm/h）	时间	位置	风速（m/s）	时间
广东茂南	137.8	4 月 13 日 16 时	广东信宜	38.2	4 月 13 日 09 时
广东台山	95.6	4 月 13 日 12 时	广东茂南	19.5	4 月 13 日 16 时
广东黄埔	73.6	4 月 13 日 08 时	广东台山	18.8	4 月 13 日 13 时

分省强对流实况统计（站次）						
省份	短时强降水			雷暴大风		冰雹
	≥20 mm/h	≥50 mm/h	≥80 mm/h	≥8 级	≥10 级	
广东	43	12	2	5	1	

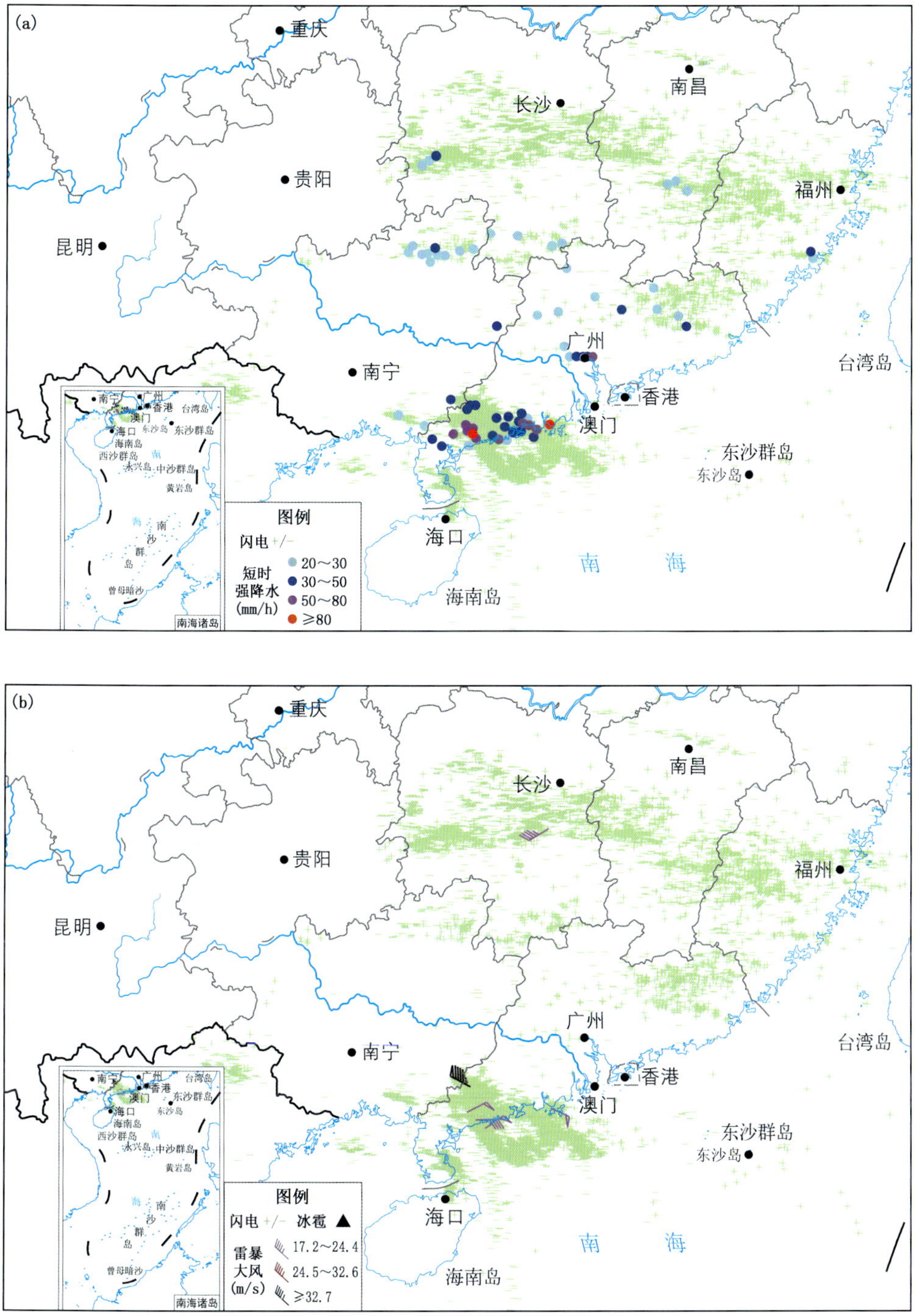

图 2.7　4 月 13 日 05 时—13 日 20 时过程强对流实况

(a)闪电和短时强降水；(b)闪电、冰雹和雷暴大风

第8次主要强对流天气过程:4月13日08时—14日08时

4月13—14日,500 hPa西风槽东移,配合低层切变线和地面冷锋共同影响,华北午后出现分散性对流活动。

地面站观测显示,华北中南部和山东西部出现雷暴大风,局地伴有短时强降水(表2.8、图2.8)。

表2.8　4月13日08时—14日08时过程强对流实况

最强对流天气实况					
短时强降水			雷暴大风		
位置	雨强(mm/h)	时间	位置	风速(m/s)	时间
/	/	/	河北赞皇	23.6	4月13日19时
/	/	/	天津宁河	22.0	4月13日20时
/	/	/	山东昌邑	20.9	4月13日21时

分省强对流实况统计(站次)						
省份	短时强降水			雷暴大风		冰雹
	≥20 mm/h	≥50 mm/h	≥80 mm/h	≥8级	≥10级	
山西	0	0	0	28	0	
天津	0	0	0	1	0	
河北	0	0	0	6	0	2
山东	0	0	0	18	0	

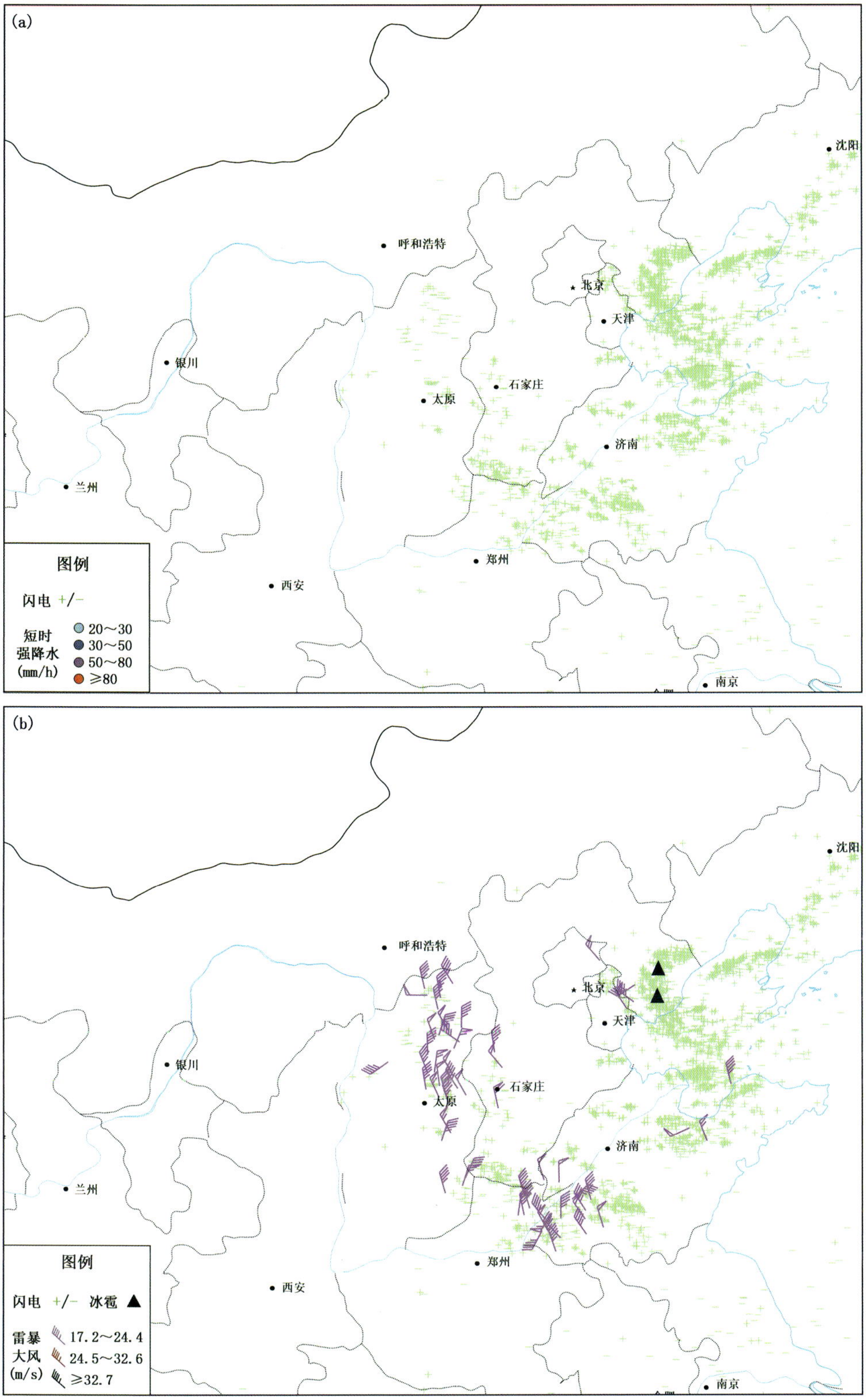

图 2.8　4 月 13 日 08 时—14 日 08 时过程强对流实况
(a)闪电和短时强降水；(b)闪电、冰雹和雷暴大风

第 9 次主要强对流天气过程:4 月 18 日 08 时—19 日 20 时

4 月 18—19 日，500 hPa 高空西风槽东移，配合低层切变线和低空急流共同影响西南地区东部、江南南部和华南等地。湖南南部触发的对流单体东移南下发展形成飑线。

地面站观测显示，江南南部、华南北部和东部出现较大范围短时强降水，沿海局地超过 80 mm/h，广东等地出现雷暴大风和冰雹（表 2.9、图 2.9）。

表 2.9　4 月 18 日 08 时—19 日 20 时过程强对流实况

最强对流天气实况					
短时强降水			雷暴大风		
位置	雨强(mm/h)	时间	位置	风速(m/s)	时间
广西永福	80.3	4 月 18 日 23 时	广东广宁	31.0	4 月 19 日 02 时
重庆沙坪坝	73.1	4 月 19 日 17 时	广东花都	27.2	4 月 19 日 04 时
广东台山	71.5	4 月 18 日 17 时	福建东山	23.8	4 月 18 日 23 时

分省强对流实况统计(站次)						
省份	短时强降水			雷暴大风		冰雹
	≥20 mm/h	≥50 mm/h	≥80 mm/h	≥8 级	≥10 级	
广东	171	10	0	19	2	5
福建	29	0	0	6	0	1
湖南	35	0	0	4	0	1
广西	28	2	1	0	0	
重庆	7	1	0	7	0	

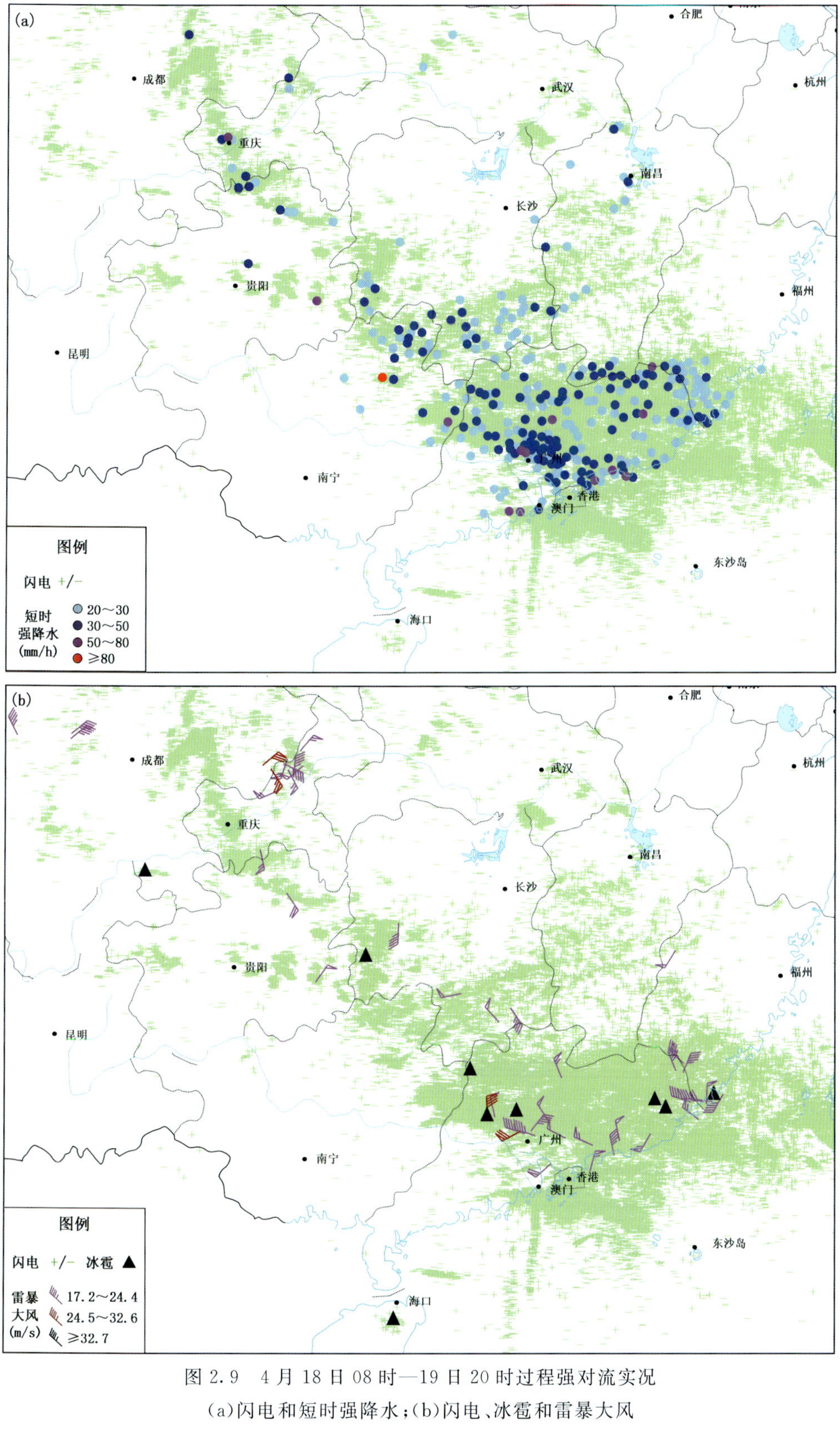

图 2.9　4 月 18 日 08 时—19 日 20 时过程强对流实况

(a)闪电和短时强降水；(b)闪电、冰雹和雷暴大风

第10次主要强对流天气过程:4月21日20时—22日20时

4月21—22日，500 hPa南支槽东移，配合低层的暖式切变线共同影响我国西南地区东部、江南南部及华南等地。对流活动在贵州北部触发后，向东南方向快速移动并发展为飑线。

地面站观测显示，贵州、江南南部、华南北部和东部等地出现雷暴大风、冰雹或短时强降水，贵州局地出现12级以上雷暴大风，广东局地短时强降水超过70 mm/h（表2.10、图2.10）。

表2.10　4月21日20时—22日20时过程强对流实况

最强对流天气实况					
短时强降水			雷暴大风		
位置	雨强(mm/h)	时间	位置	风速(m/s)	时间
广东龙门	77.5	4月21日21时	贵州大方	36.9	4月21日20时
广东英德	66.4	4月22日11时	贵州修文	28.5	4月21日22时
广东紫金	65.1	4月21日23时	贵州大方	25.6	4月21日21时

分省强对流实况统计(站次)						
省份	短时强降水			雷暴大风		冰雹
	≥20 mm/h	≥50 mm/h	≥80 mm/h	≥8级	≥10级	
广东	64	10	0	13	0	1
贵州	47	4	0	26	5	3
福建	17	0	0	8	0	1
江西	30	1	0	2	0	1
广西	32	1	0	2	0	1

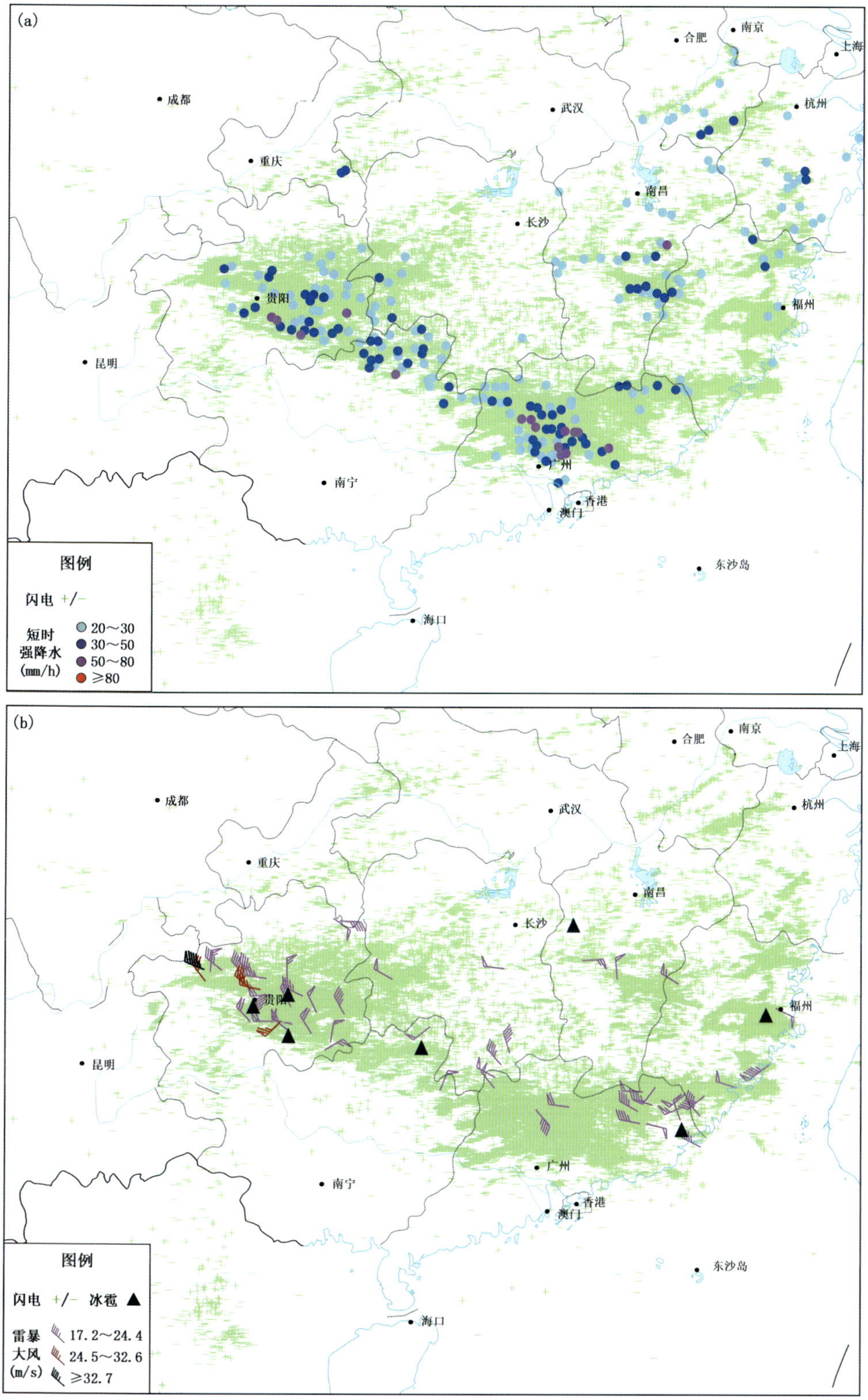

图 2.10　4 月 21 日 20 时—22 日 20 时过程强对流实况

(a)闪电和短时强降水；(b)闪电、冰雹和雷暴大风

第 11 次主要强对流天气过程:4 月 24 日 14 时—25 日 02 时

4 月 24 日，500 hPa 西风槽东移，配合低层切变线及地面冷锋共同影响西北地区东部、华北中西部及黄淮北部等地。对流活动在陕西北部、山西北部触发后，东移发展形成飑线。

地面站观测显示，华北、黄淮北部出现大范围雷暴大风或冰雹(表 2.11、图 2.11)。

表 2.11　4 月 24 日 14 时—25 日 02 时过程强对流实况

最强对流天气实况					
短时强降水			雷暴大风		
位置	雨强(mm/h)	时间	位置	风速(m/s)	时间
河北临漳(孙陶镇)	32.9	4 月 24 日 22 时	河北邢台	28.2	4 月 24 日 20 时
河北临漳(本站)	31.6	4 月 24 日 22 时	山西昔阳	26.2	4 月 24 日 20 时
河北峰峰	29.7	4 月 24 日 21 时	河北南和	25.4	4 月 24 日 21 时

分省强对流实况统计(站次)						
省份	短时强降水			雷暴大风		冰雹
	≥20 mm/h	≥50 mm/h	≥80 mm/h	≥8 级	≥10 级	
河北	6	0	0	37	3	
山西	4	0	0	39	2	6
河南	4	0	0	25	0	7
山东	1	0	0	11	0	2

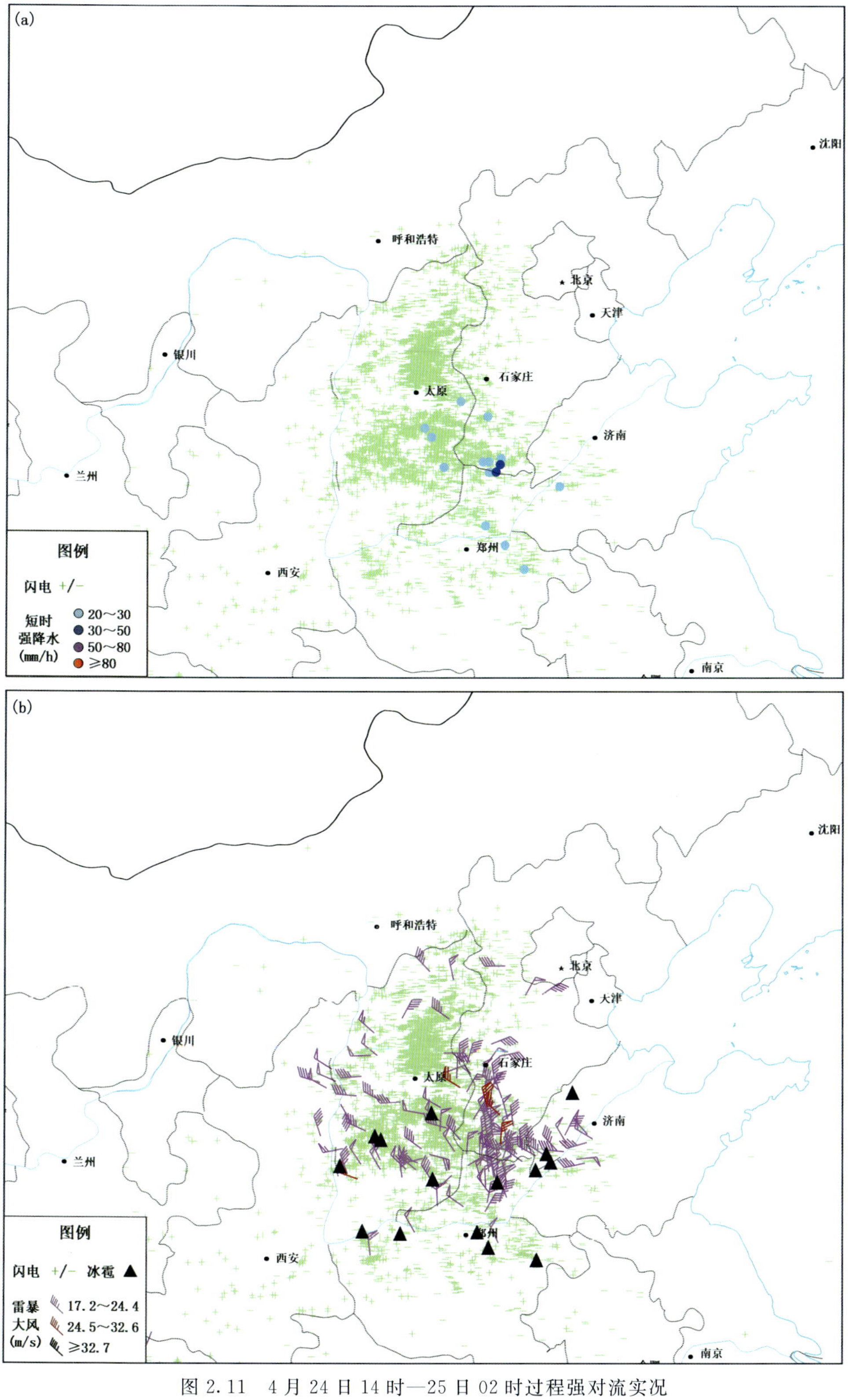

图 2.11　4 月 24 日 14 时—25 日 02 时过程强对流实况
(a)闪电和短时强降水；(b)闪电、冰雹和雷暴大风

第12次主要强对流天气过程:4月24日14时—25日05时

4月24日,500 hPa南支槽东移,配合低层切变线共同影响贵州东部、江南和华南等地。对流活动在贵州中部触发后,向东偏南方向移动发展为飑线。

地面站观测显示,贵州东南部、江南中南部和华南北部出现雷暴大风、冰雹或短时强降水,其中贵州局地出现12级雷暴大风(表2.12、图2.12)。

表2.12　4月24日14时—25日05时过程强对流实况

最强对流天气实况					
短时强降水			雷暴大风		
位置	雨强(mm/h)	时间	位置	风速(m/s)	时间
贵州剑河	56.9	4月24日18时	贵州凯里(杉树林)	34.3	4月24日17时
江西吉水	53.3	4月25日00时	贵州凯里(盘海)	30.1	4月24日17时
贵州剑河	50.5	4月24日19时	湖南双牌	28.9	4月25日00时

分省强对流实况统计(站次)						
省份	短时强降水			雷暴大风		冰雹
	≥20 mm/h	≥50 mm/h	≥80 mm/h	≥8级	≥10级	
湖南	23	1	0	34	2	
浙江	26	0	0	13	1	
福建	7	0	0	8	0	
江西	28	2	0	18	4	2
广东	4	0	0	11	0	
广西	19	0	0	22	4	
贵州	18	2	0	17	4	2

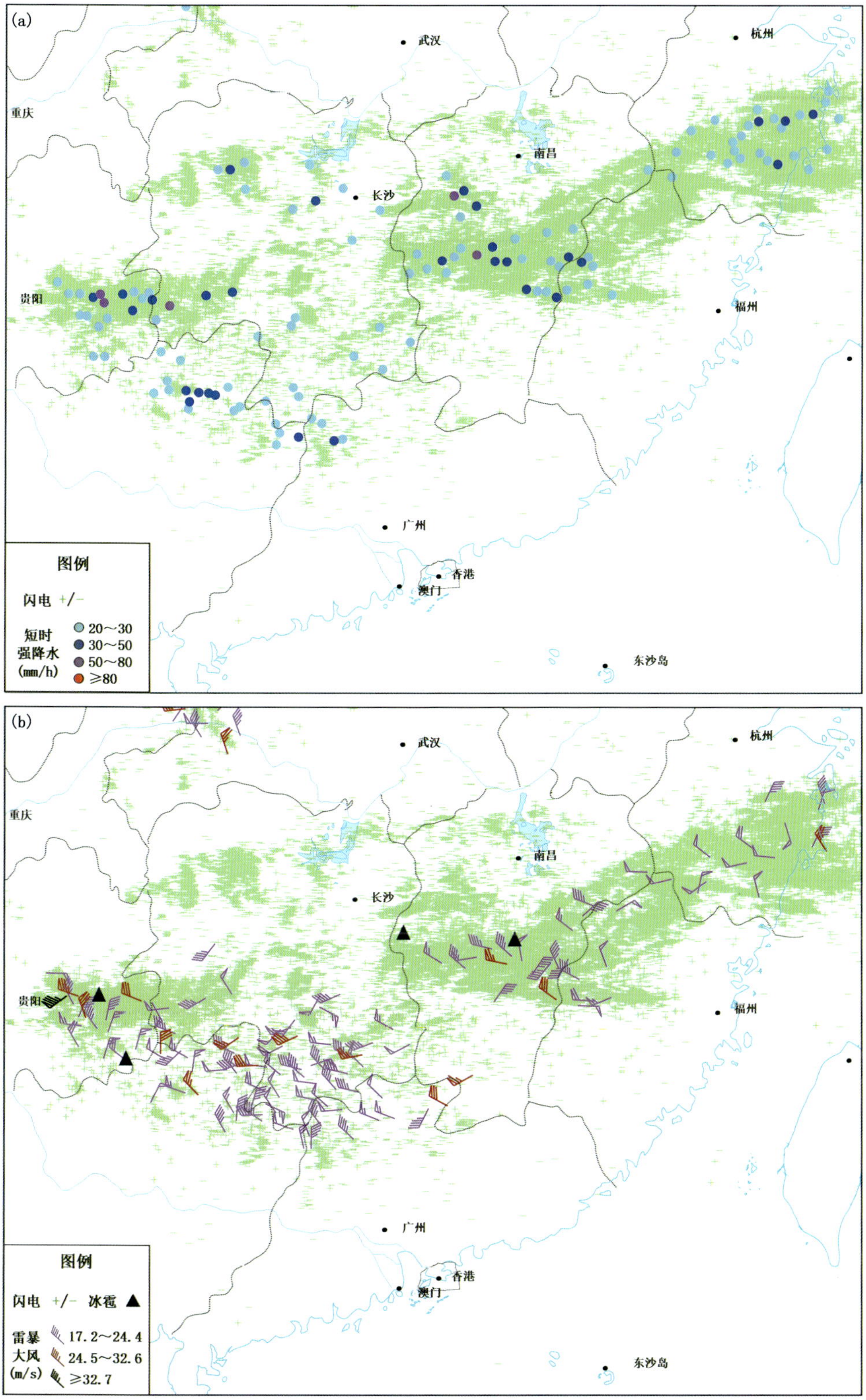

图 2.12 4 月 24 日 14 时—25 日 05 时过程强对流实况
(a)闪电和短时强降水;(b)闪电、冰雹和雷暴大风

第 13 次主要强对流天气过程：4 月 25 日 14 时—27 日 14 时

4 月 25—27 日，500 hPa 南支短波槽东移，配合低层切变线和低空急流共同影响西南地区东部、江南和华南等地。对流活动在贵州西部触发后，向东南方向移动发展为线状对流和飑线。

地面站观测显示，贵州西部、江南中南部和华南出现大范围的雷暴大风、冰雹或短时强降水，广东局地出现 11 级大风或 80 mm/h 以上的短时强降水(表 2.13、图 2.13)。

表 2.13　4 月 25 日 14 时—27 日 14 时过程强对流实况

最强对流天气实况					
短时强降水			雷暴大风		
位置	雨强 (mm/h)	时间	位置	风速 (m/s)	时间
广东 阳东	92.8	4 月 27 日 12 时	广东 高州	32.2	4 月 26 日 11 时
广东 高明	81.5	4 月 27 日 13 时	广西 天峨	27.0	4 月 25 日 23 时
广东 恩平	79.8	4 月 27 日 13 时	福建 秀屿	27.0	4 月 25 日 17 时

分省强对流实况统计(站次)						
省份	短时强降水			雷暴大风		冰雹
	≥20 mm/h	≥50 mm/h	≥80 mm/h	≥8 级	≥10 级	
广东	150	19	2	28	5	2
广西	104	4	0	54	3	3
贵州	15	0	0	34	2	5
福建	24	0	0	13	2	2
江西	32	3	0	8	0	
湖南	35	1	0	6	0	4
云南	6	0	0	21	2	

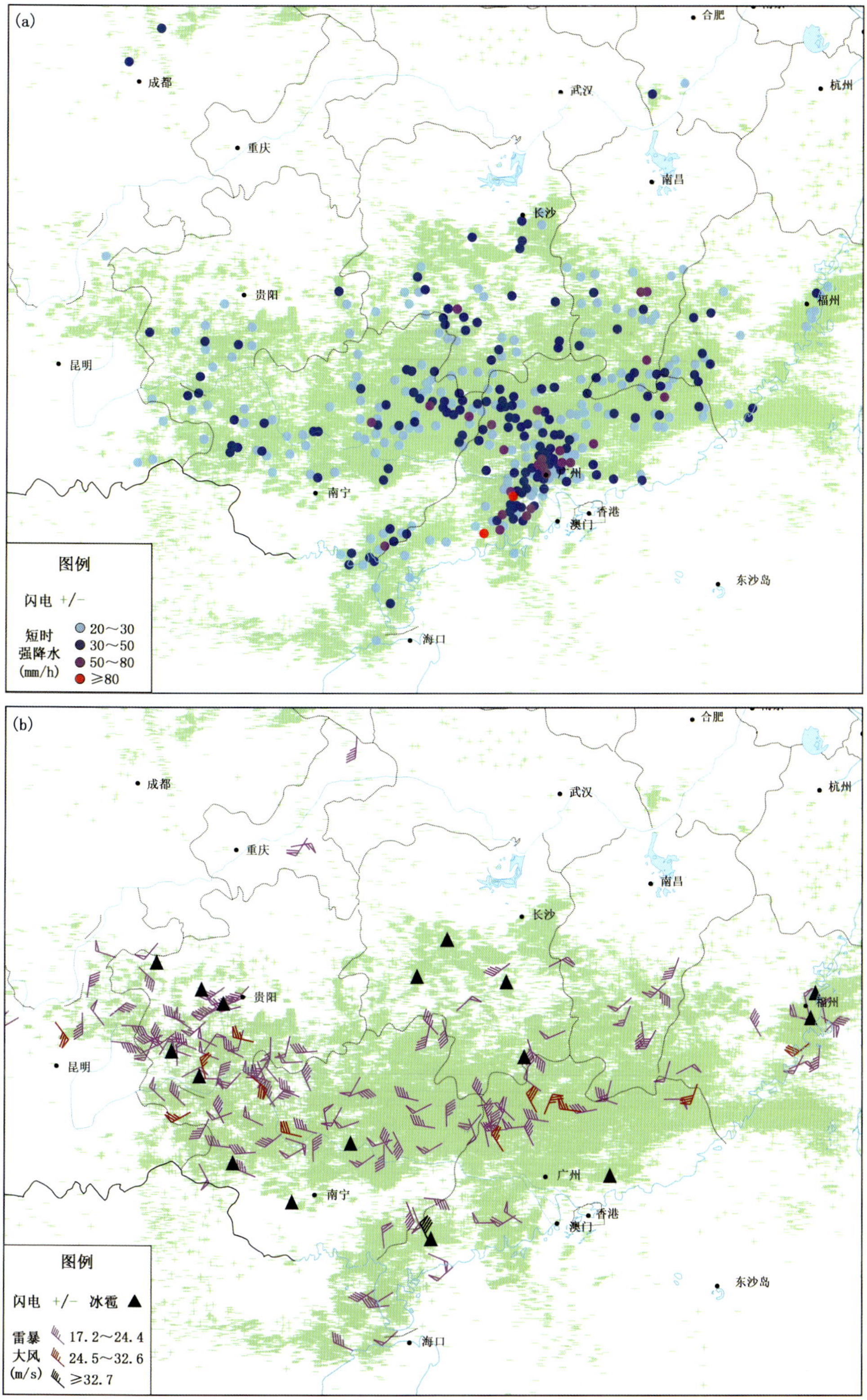

图 2.13　4 月 25 日 14 时—27 日 14 时过程强对流实况

(a)闪电和短时强降水；(b)闪电、冰雹和雷暴大风

第14次主要强对流天气过程:4月29日17时—30日20时

4月29—30日,500 hPa短波槽东移,配合低层切变线和地面冷锋共同影响江南南部和华南等地。对流活动在广西北部触发后,向东偏南方向移动发展为多条线状对流和飑线。

地面站观测显示,广西中南部、广东大部、福建中东部等地出现大范围雷暴大风和短时强降水,广西东部局地伴有冰雹(表2.14、图2.14)。

表2.14　4月29日17时—30日20时过程强对流实况

最强对流天气实况					
短时强降水			雷暴大风		
位置	雨强(mm/h)	时间	位置	风速(m/s)	时间
广西横县	60.5	4月30日03时	海南琼海	25.8	4月30日17时
广西昭平	56.8	4月30日01时	福建厦门	24.6	4月30日18时
广东高州	53.8	4月30日09时	广西隆安	22.4	4月29日23时

分省强对流实况统计(站次)						
省份	短时强降水			雷暴大风		冰雹
	≥20 mm/h	≥50 mm/h	≥80 mm/h	≥8级	≥10级	
广东	65	1	0	17	0	
广西	67	3	0	9	0	3
福建	32	0	0	14	1	
海南	11	0	0	5	1	

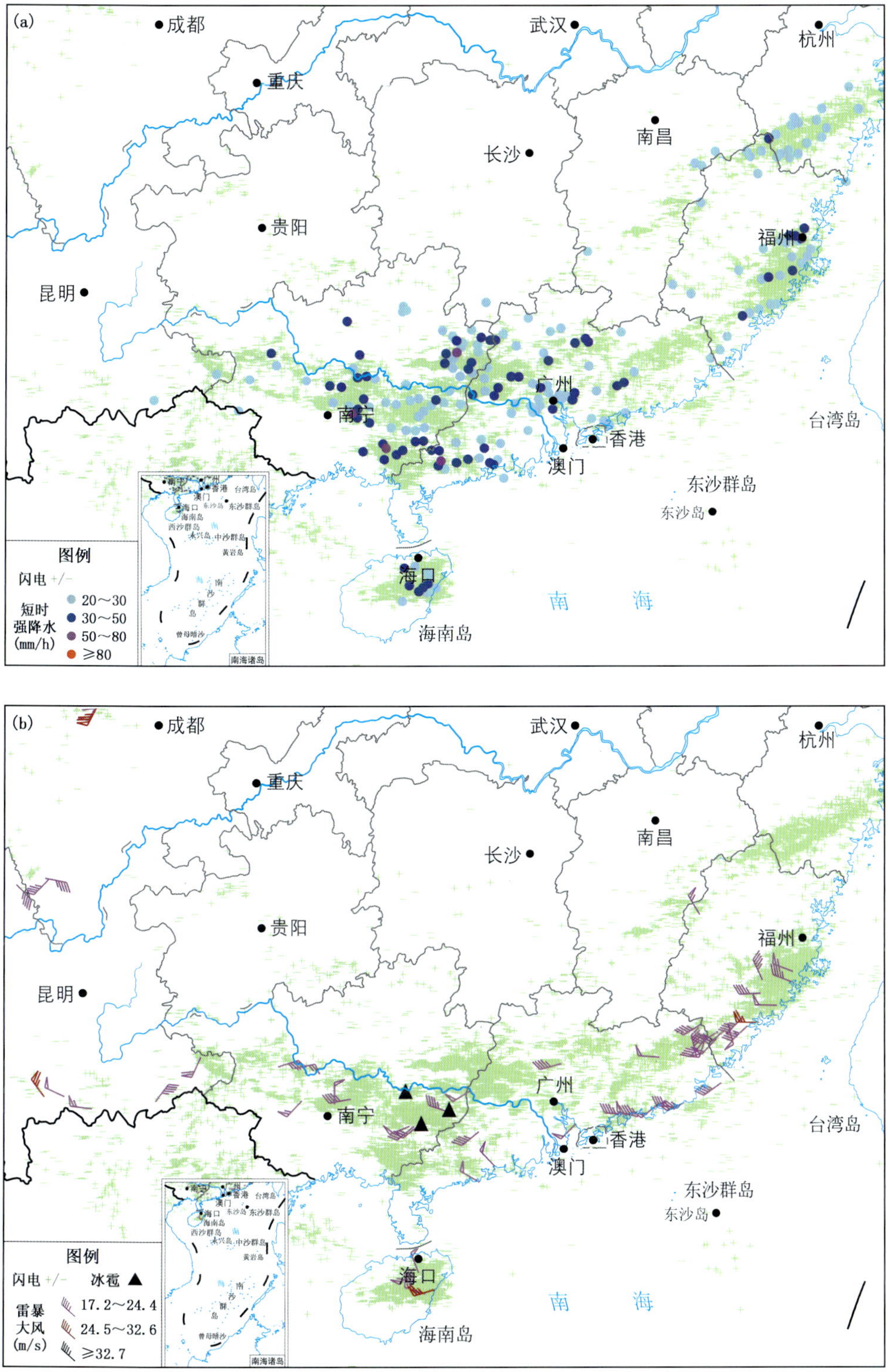

图 2.14　4 月 29 日 17 时—30 日 20 时过程强对流实况
(a)闪电和短时强降水；(b)闪电、冰雹和雷暴大风

第 15 次主要强对流天气过程:5 月 12 日 08 时—20 时

5 月 12 日,500 hPa 蒙古冷涡位于蒙古国中东部,冷涡南侧低槽东移,配合低层切变线及地面冷锋共同影响华北中东部、黄淮等地。对流活动触发后,发展为多条线状对流。

地面站观测显示,华北中东部、黄淮出现较大范围雷暴大风(表 2.15、图 2.15)。

表 2.15　5 月 12 日 08—20 时过程强对流实况

最强对流天气实况					
短时强降水			雷暴大风		
位置	雨强 (mm/h)	时间	位置	风速 (m/s)	时间
河南南召	45.5	5 月 12 日 16 时	山东广饶	27.0	5 月 12 日 19 时
河南新郑	27.7	5 月 12 日 16 时	山东潍坊	26.2	5 月 12 日 20 时
河北迁西	26.6	5 月 12 日 15 时	内蒙古巴林左旗	25.9	5 月 12 日 15 时

分省强对流实况统计(站次)						
省份	短时强降水			雷暴大风		冰雹
	≥20 mm/h	≥50 mm/h	≥80 mm/h	≥8 级	≥10 级	
内蒙古	0	0	0	70	1	
山东	0	0	0	36	4	
天津	0	0	0	1	0	
河北	2	0	0	9	1	
河南	0	0	0	8	0	

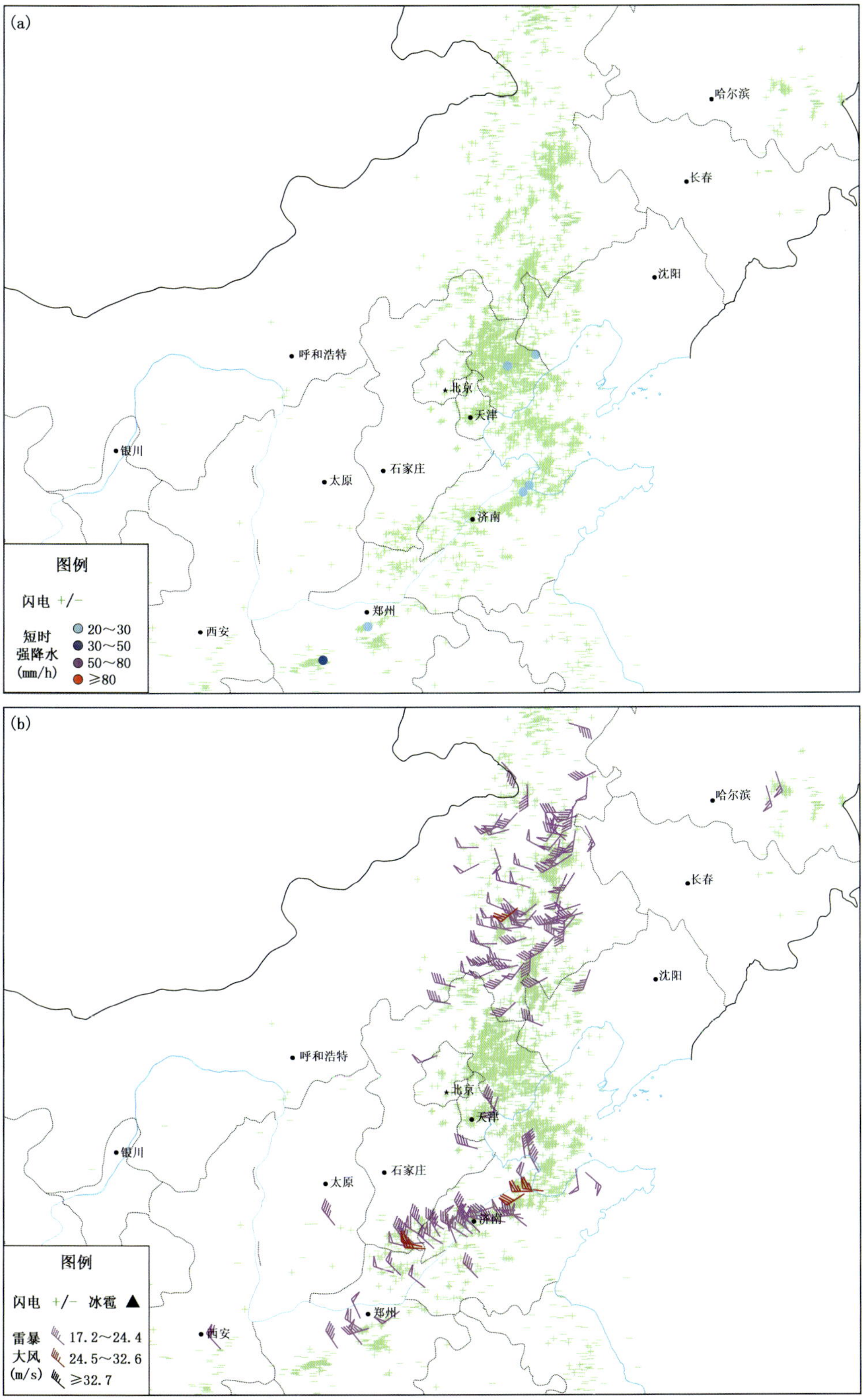

图 2.15　5 月 12 日 08—20 时过程强对流实况

(a)闪电和短时强降水；(b)闪电、冰雹和雷暴大风

第16次主要强对流天气过程:5月15日08时—17日23时

5月15—17日,500 hPa蒙古冷涡和低槽东移,配合低层切变线及地面冷锋共同影响华北中北部、东北地区等地。对流活动触发后,发展为多条线状对流。

地面站观测显示,华北中北部、东北地区等地出现大范围雷暴大风,局地达到11级以上,华北北部等地出现短时强降水(表2.16、图2.16)。

表2.16 5月15日08时—17日23时过程强对流实况

最强对流天气实况					
短时强降水			雷暴大风		
位置	雨强(mm/h)	时间	位置	风速(m/s)	时间
河北高碑店	58.0	5月17日23时	内蒙古兴和	30.6	5月17日16时
河北廊坊	54.7	5月17日21时	吉林长岭	30.2	5月17日20时
北京平谷	51.0	5月17日20时	吉林镇赉	29.5	5月15日19时

分省强对流实况统计(站次)						
省份	短时强降水			雷暴大风		冰雹
	≥20 mm/h	≥50 mm/h	≥80 mm/h	≥8级	≥10级	
北京	9	1	0	5	0	1
内蒙古	4	0	0	138	15	1
吉林	3	0	0	79	12	
黑龙江	5	0	0	153	19	2
天津	2	0	0	1	0	
河北	15	2	0	23	0	
辽宁	4	0	0	18	0	

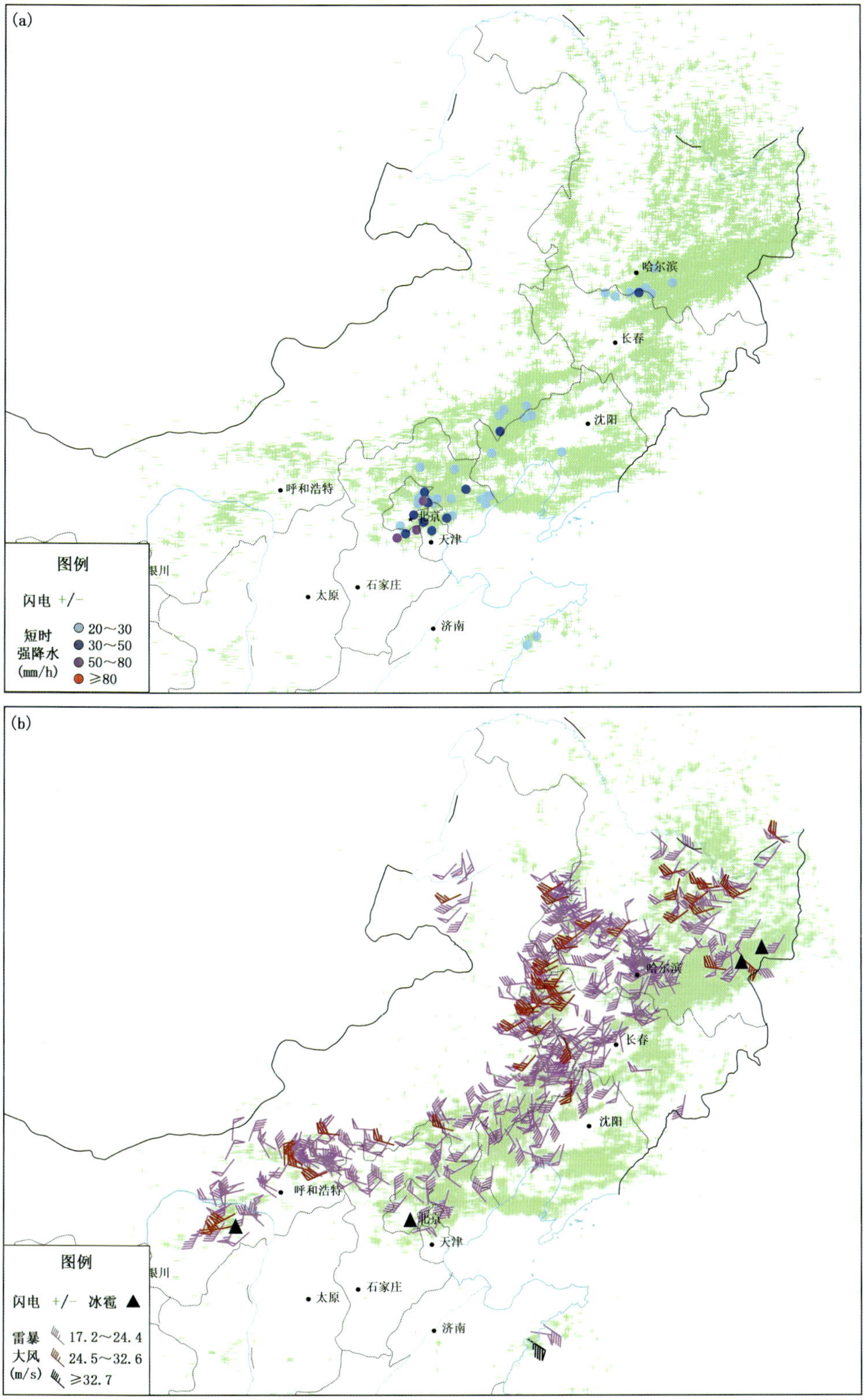

图 2.16　5 月 15 日 08 时—17 日 23 时过程强对流实况
(a)闪电和短时强降水;(b)闪电、冰雹和雷暴大风

第 17 次主要强对流天气过程:5 月 15 日 08 时—17 日 20 时

5 月 15—17 日，500 hPa 南支槽东移，配合低层切变线和西南急流共同影响我国南方地区。对流活动触发后在东移过程中合并加强，范围不断扩大。

地面站观测显示，西南地区东部、江南等地出现大范围短时强降水，局地出现雷暴大风或冰雹，贵州局地出现 90 mm/h 以上的短时强降水（表 2.17、图 2.17）。

表 2.17　5 月 15 日 08 时—17 日 20 时过程强对流实况

最强对流天气实况					
短时强降水			雷暴大风		
位置	雨强 (mm/h)	时间	位置	风速 (m/s)	时间
贵州 贵定	93.6	5 月 16 日 01 时	贵州 惠水	28.4	5 月 15 日 23 时
福建 清流	60.6	5 月 17 日 03 时	浙江 磐安	25.7	5 月 15 日 16 时
贵州 平坝	60.4	5 月 17 日 01 时	江西 临川	21.3	5 月 15 日 17 时

分省强对流实况统计（站次）						
省份	短时强降水			雷暴大风		冰雹
	≥20 mm/h	≥50 mm/h	≥80 mm/h	≥8 级	≥10 级	
福建	109	7	0	6	0	4
江西	72	3	0	3	0	1
浙江	26	0	0	1	1	
安徽	16	0	0	1	0	
湖南	28	0	0	0	0	
广东	26	2	0	4	0	
广西	17	0	0	0	0	1
贵州	40	2	1	5	1	

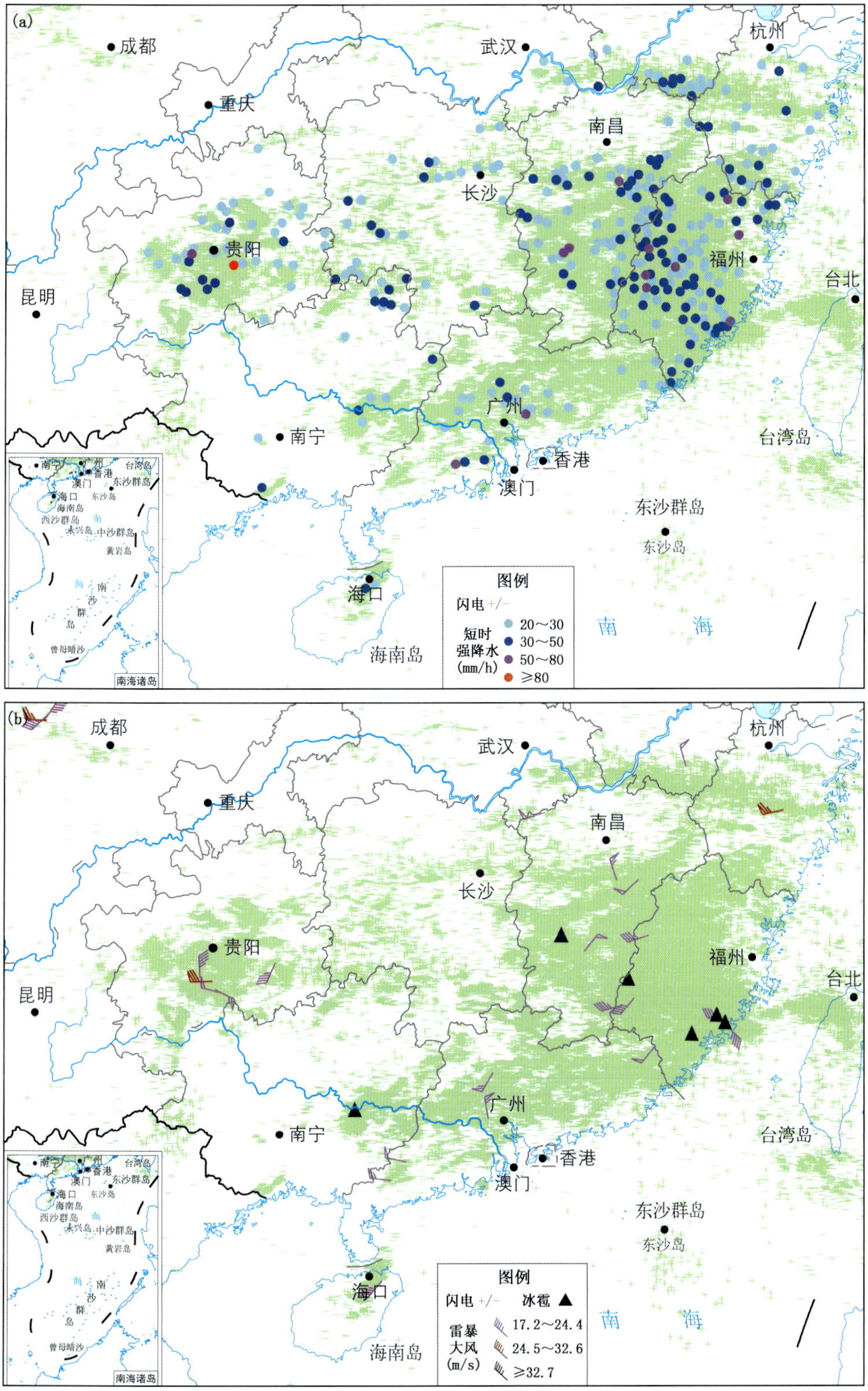

图 2.17　5 月 15 日 08 时—17 日 20 时过程强对流实况

(a)闪电和短时强降水；(b)闪电、冰雹和雷暴大风

第18次主要强对流天气过程:5月25日08时—28日20时

5月25—28日,500 hPa高空槽东移,配合低层切变线和地面冷锋共同影响我国华北、东北地区等地。对流活动在内蒙古和河北等地触发后,向东偏南方向移动发展为线状对流和飑线。

地面站观测显示,华北中东部、东北地区出现大范围雷暴大风,局地出现短时强降水(表2.18、图2.18)。

表2.18 5月25日08时—28日20时过程强对流实况

最强对流天气实况					
短时强降水			雷暴大风		
位置	雨强(mm/h)	时间	位置	风速(m/s)	时间
山东滕州	41.3	5月27日02时	内蒙古准格尔旗	27.3	5月25日17时
辽宁黑山	38.7	5月26日15时	吉林东丰	27.2	5月27日20时
河北廊坊	36.4	5月26日12时	北京房山	26.9	5月26日12时

分省强对流实况统计(站次)						
省份	短时强降水			雷暴大风		冰雹
	≥20 mm/h	≥50 mm/h	≥80 mm/h	≥8级	≥10级	
河北	33	0	0	22	0	
内蒙古	0	0	0	59	4	
辽宁	9	0	0	36	1	
北京	5	0	0	3	1	
天津	9	0	0	6	1	
山西	0	0	0	5	0	
吉林	2	0	0	26	1	
山东	14	0	0	6	0	1

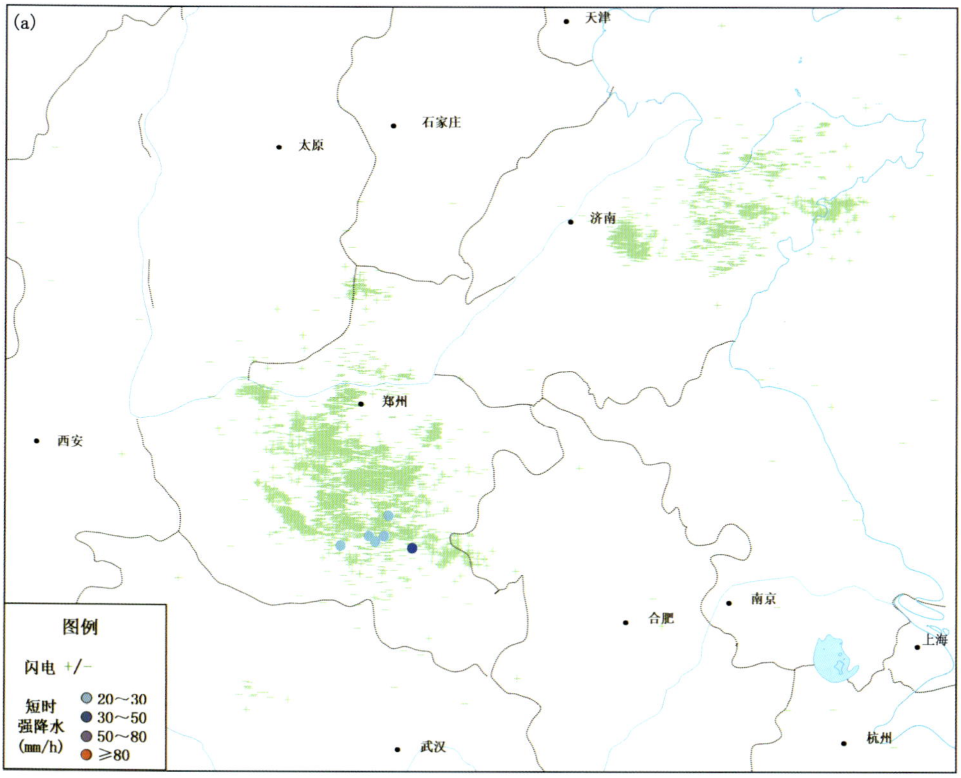

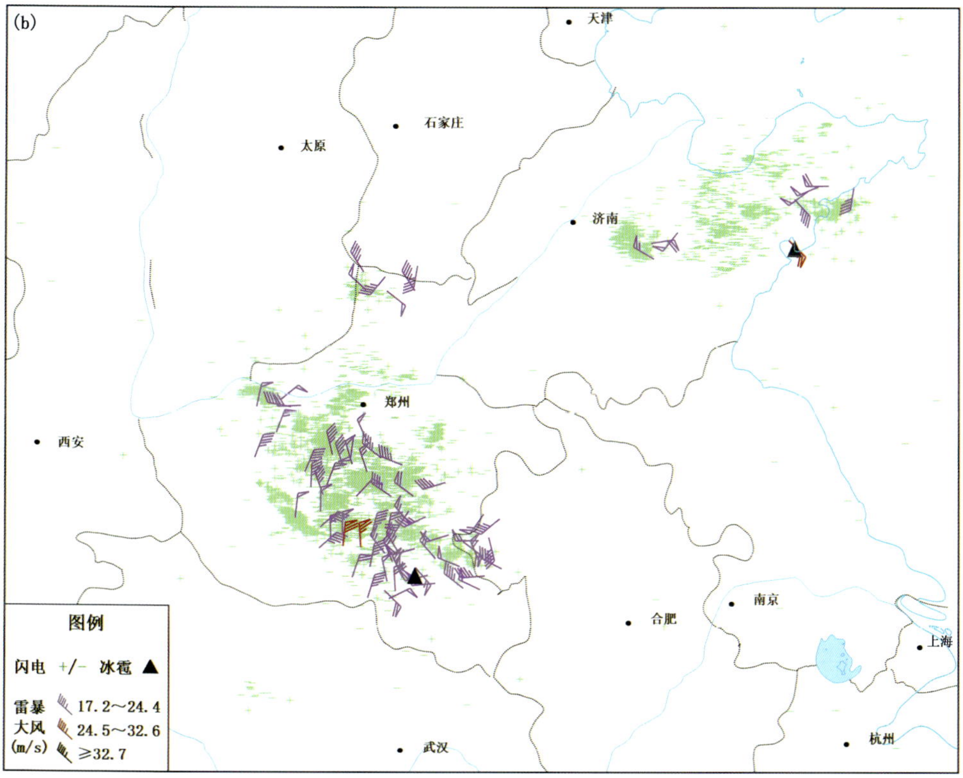

图 2.20 6 月 3 日 14 时—4 日 08 时过程强对流实况
(a)闪电和短时强降水；(b)闪电、冰雹和雷暴大风

第 21 次主要强对流天气过程:6 月 4 日 20 时—7 日 08 时

6 月 4—7 日,500 hPa 西风槽东移,配合低空偏南急流加强,生成西南涡并东移至江淮形成江淮气旋,影响西南地区东部、江汉、江淮等地。对流活动在四川盆地等地触发后东移并增强,发展为多条线状对流和飑线。

地面站观测显示,西南地区东部、黄淮南部、江汉和江淮等地出现大范围短时强降水和雷暴大风,广西、贵州等地局地出现 80 mm/h 以上的短时强降水,湖北局地出现 12 级雷暴大风,四川、湖北等地局地出现冰雹(表 2.21、图 2.21)。

表 2.21　6 月 4 日 20 时—7 日 08 时过程强对流实况

最强对流天气实况					
短时强降水			雷暴大风		
位置	雨强(mm/h)	时间	位置	风速(m/s)	时间
广西融水	87.7	6 月 7 日 05 时	湖北神农架	32.8	6 月 5 日 12 时
贵州罗甸	85.2	6 月 7 日 01 时	重庆铜梁	30.3	6 月 5 日 05 时
贵州贵定	81.1	6 月 5 日 19 时	贵州沿河	29.2	6 月 5 日 14 时

分省强对流实况统计(站次)						
省份	短时强降水			雷暴大风		冰雹
	≥20 mm/h	≥50 mm/h	≥80 mm/h	≥8 级	≥10 级	
江苏	42	0	0	22	1	
安徽	72	5	0	61	2	
江西	71	6	0	14	0	4
河南	76	2	0	27	0	1
湖北	122	12	0	29	3	3
广西	76	11	1	31	0	
重庆	49	1	0	22	5	
四川	47	0	0	46	1	3
贵州	71	4	2	17	2	
福建	18	0	0	21	0	0
湖南	18	1	0	14	2	1

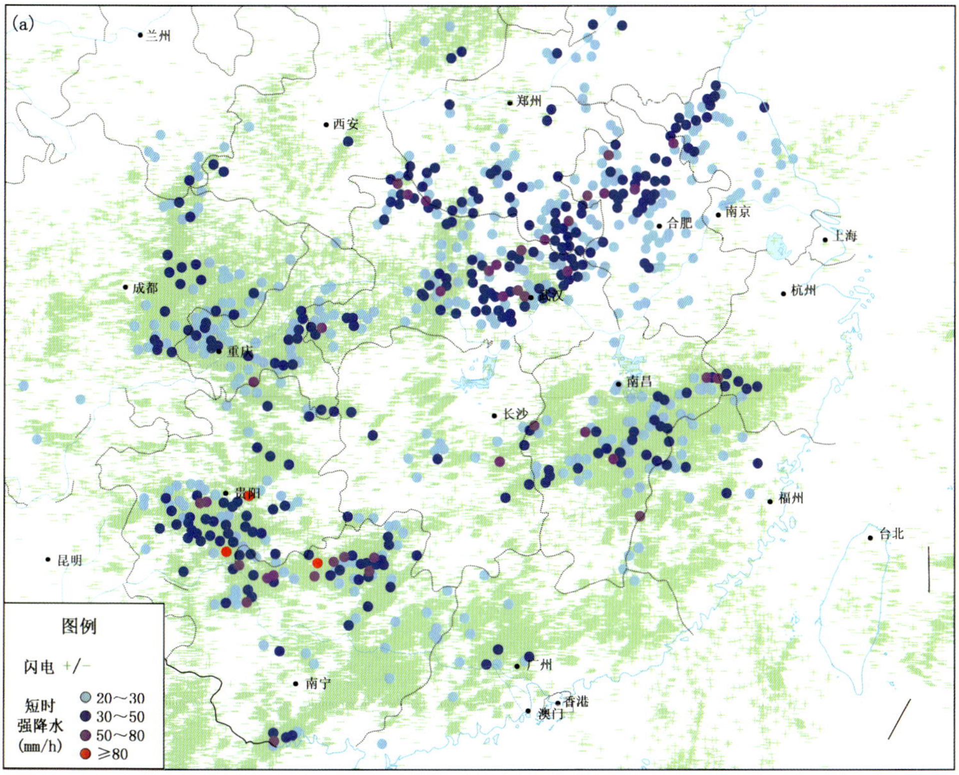

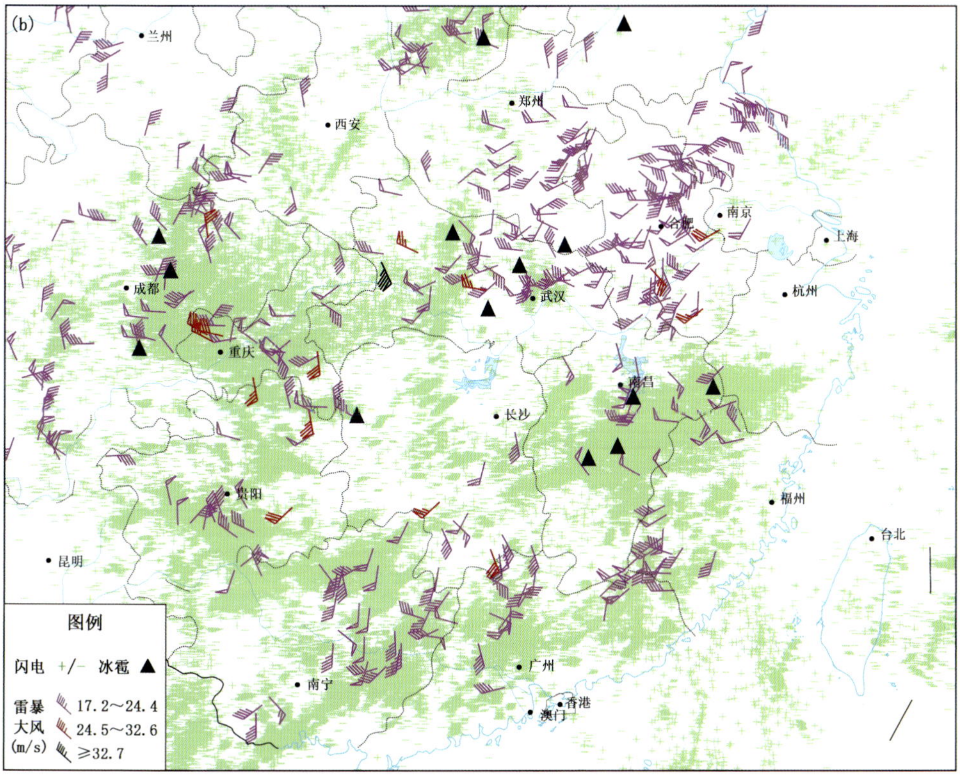

图 2.21 6 月 4 日 20 时—7 日 08 时过程强对流实况

(a)闪电和短时强降水;(b)闪电、冰雹和雷暴大风

第 22 次主要强对流天气过程:6 月 8 日 08 时—11 日 20 时

6 月 8—11 日,500 hPa 短波槽东移,副热带高压南退,配合低层切变线南压共同影响江南和华南等地。对流活动在贵州等地触发后,向东偏南方向移动发展为多条线状对流和飑线。

地面站观测显示,江南中南部、华南等地出现大范围短时强降水,广西局地超过 90 mm/h,广西南部和广东等地出现大范围的雷暴大风(表 2.22、图 2.22)。

表 2.22　6 月 8 日 08 时—11 日 20 时过程强对流实况

最强对流天气实况					
短时强降水			雷暴大风		
位置	雨强(mm/h)	时间	位置	风速(m/s)	时间
广西三江	94.7	6 月 9 日 13 时	湖南南岳	28.7	6 月 8 日 08 时
广西巴马	79.3	6 月 9 日 21 时	云南寻甸	27.1	6 月 10 日 21 时
湖南东安	78.2	6 月 9 日 08 时	广东鹤山	25.4	6 月 10 日 17 时

分省强对流实况统计(站次)						
省份	短时强降水			雷暴大风		冰雹
	≥20 mm/h	≥50 mm/h	≥80 mm/h	≥8 级	≥10 级	
福建	104	1	0	6	0	2
江西	169	10	0	4	0	1
湖南	149	11	0	6	1	
广东	138	9	0	44	3	1
广西	195	20	1	29	0	1
贵州	79	2	0	6	0	
云南	25	1	0	21	1	

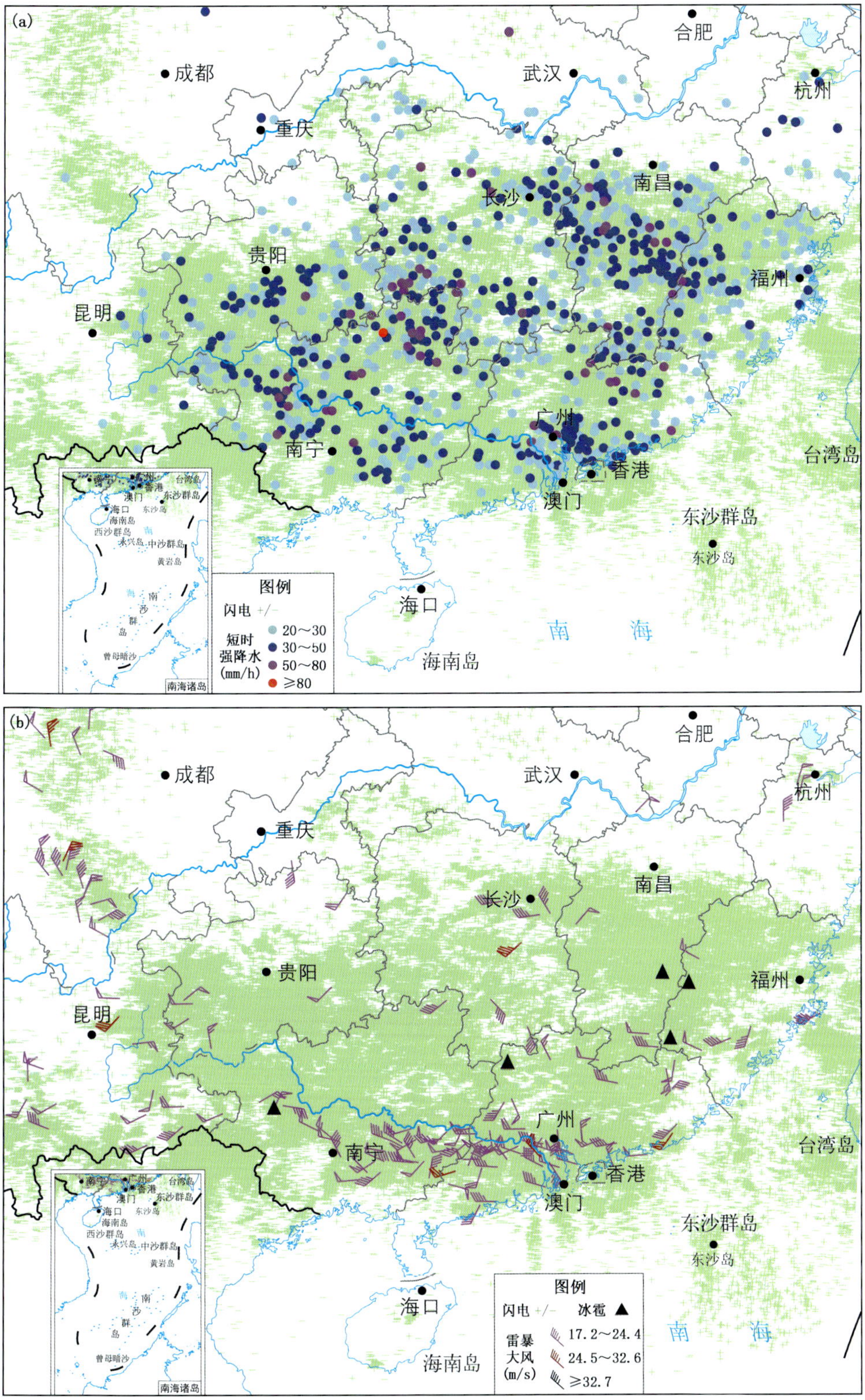

图 2.22　6 月 8 日 08 时—11 日 20 时过程强对流实况

(a)闪电和短时强降水；(b)闪电、冰雹和雷暴大风

第 23 次主要强对流天气过程:6 月 15 日 08 时—18 日 20 时

6 月 15—18 日,500 hPa 冷涡低槽东移,配合低层切变线共同影响华北中北部等地。对流活动在内蒙古中部触发后,东移发展为线状对流。

地面站观测显示,华北中北部等地出现大范围雷暴大风,局地出现短时强降水或冰雹(表 2.23、图 2.23)。

表 2.23 6 月 15 日 08 时—18 日 20 时过程强对流实况

最强对流天气实况					
短时强降水			雷暴大风		
位置	雨强(mm/h)	时间	位置	风速(m/s)	时间
内蒙古东胜	39.1	6 月 15 日 16 时	内蒙古苏尼特右旗	30.0	6 月 16 日 16 时
内蒙古敖汉旗	32.3	6 月 18 日 15 时	内蒙古镶黄旗	28.2	6 月 16 日 18 时
山西忻府	31.0	6 月 17 日 16 时	内蒙古苏尼特右旗	27.0	6 月 16 日 18 时

分省强对流实况统计(站次)						
省份	短时强降水			雷暴大风		冰雹
	≥20 mm/h	≥50 mm/h	≥80 mm/h	≥8 级	≥10 级	
内蒙古	9	0	0	104	6	
河北	4	0	0	13	0	2
山西	5	0	0	9	0	

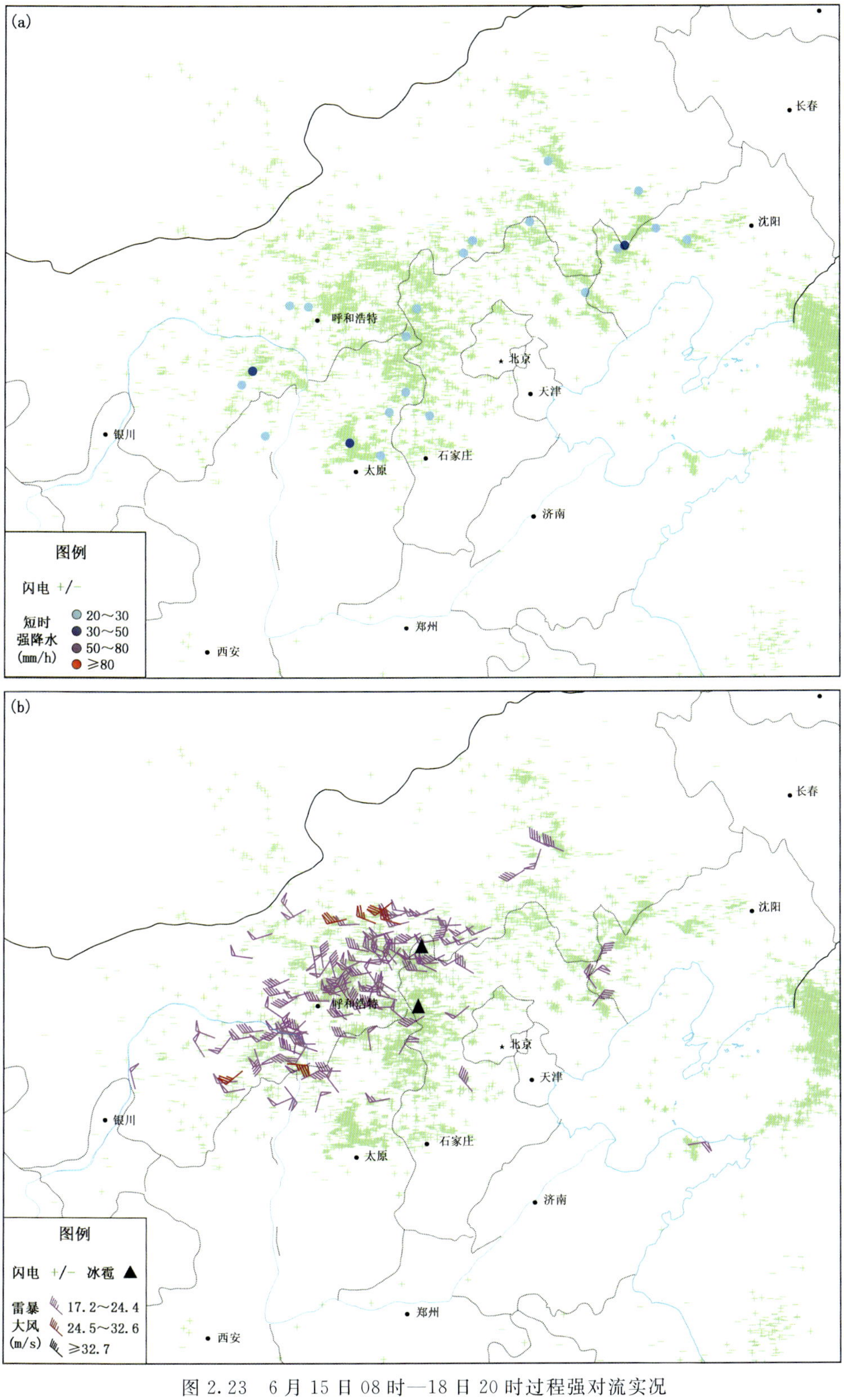

图 2.23 6 月 15 日 08 时—18 日 20 时过程强对流实况
(a)闪电和短时强降水；(b)闪电、冰雹和雷暴大风

第 24 次主要强对流天气过程:6 月 20 日 14 时—23 日 20 时

6 月 20—23 日，500 hPa 副热带高压南退，配合低层切变线南压共同影响西南地区东部、江南、华南等地。对流活动在江汉、江淮、华南等地触发后，向偏南方向移动发展加强并形成多条线状对流或飑线。

地面站观测显示，西南地区东部、江汉、江南和华南出现大范围短时强降水，江西、湖南等地局地出现超过 90 mm/h 的短时强降水（表 2.24、图 2.24）。

表 2.24　6 月 20 日 14 时—23 日 20 时过程强对流实况

最强对流天气实况					
短时强降水			雷暴大风		
位置	雨强 (mm/h)	时间	位置	风速 (m/s)	时间
江西 庐山	101.3	6 月 22 日 03 时	四川 石渠	29.2	6 月 20 日 21 时
湖南 通道	96.5	6 月 22 日 20 时	贵州 雷山	28.4	6 月 22 日 18 时
广西 桂阳	89.7	6 月 23 日 02 时	四川 丹巴	26.0	6 月 22 日 04 时

分省强对流实况统计(站次)						
省份	短时强降水			雷暴大风		冰雹
	≥20 mm/h	≥50 mm/h	≥80 mm/h	≥8 级	≥10 级	
浙江	67	1	0	1	0	
安徽	53	3	0	1	0	
福建	118	11	0	10	0	
江西	185	18	1	5	0	1
湖北	88	12	1	0	0	1
湖南	132	8	1	3	0	1
广西	201	25	4	12	0	
重庆	32	3	0	0	0	
贵州	84	7	1	6	2	
广东	36	4	0	12	0	
四川	27	3	0	30	3	2
云南	31	0	0	14	0	

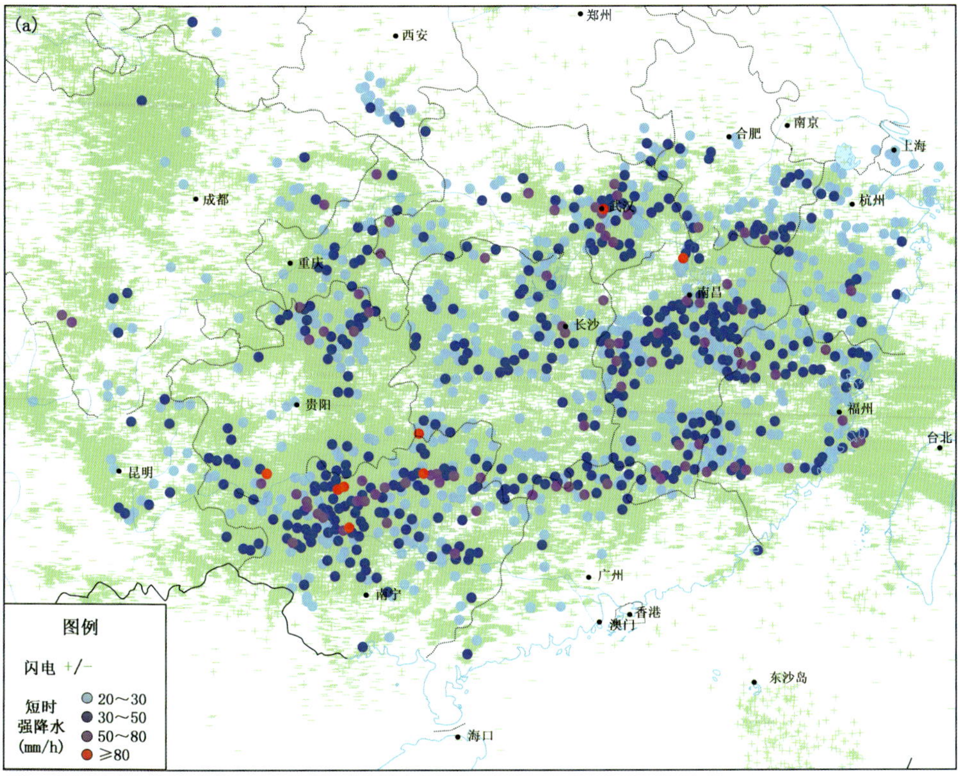

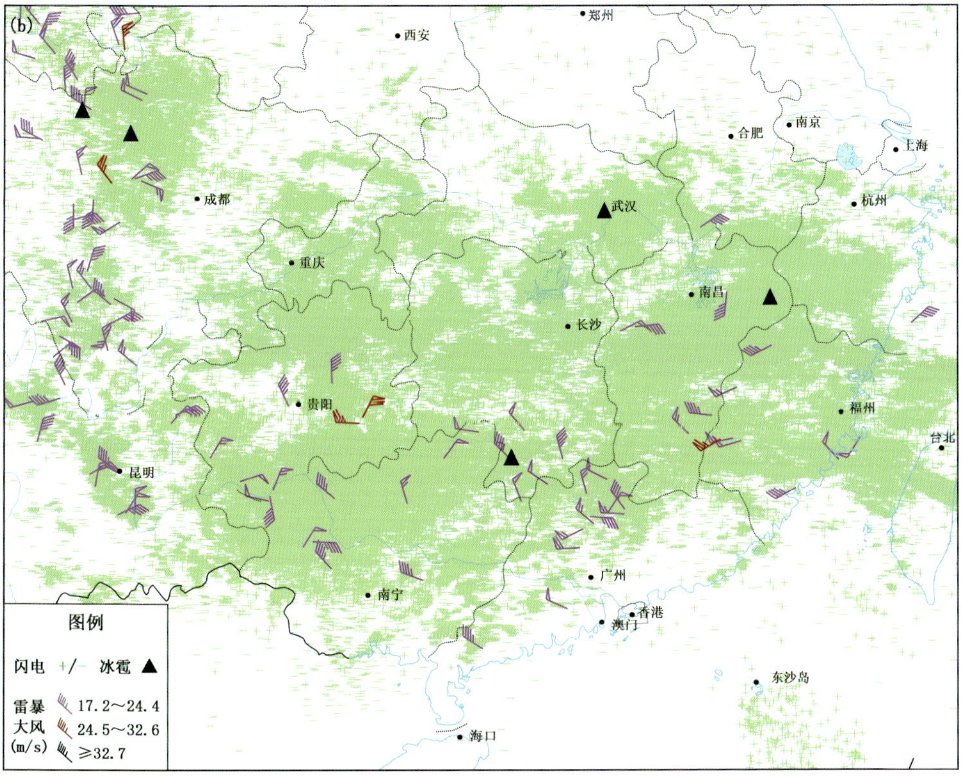

图 2.24　6 月 20 日 14 时—23 日 20 时过程强对流实况

(a)闪电和短时强降水；(b)闪电、冰雹和雷暴大风

第 25 次主要强对流天气过程:7 月 2 日 14 时—3 日 20 时

7 月 2—3 日,500 hPa 冷涡后部横槽转竖,配合低层低槽、切变线东移南压共同影响华北和东北地区等地。对流活动在内蒙古和东北地区等地触发后,向东或向南发展为多条线状对流或飑线。

地面站观测显示,东北地区和华北等地出现大范围雷暴大风,局地达到 12 级以上(表 2.25、图 2.25),其中辽宁开原出现超强龙卷。

表 2.25　7 月 2 日 14 时—3 日 20 时过程强对流实况

最强对流天气实况					
短时强降水			雷暴大风		
位置	雨强(mm/h)	时间	位置	风速(m/s)	时间
河北文安	53.5	7 月 2 日 18 时	辽宁北镇	43.4	7 月 3 日 16 时
黑龙江林甸	40.2	7 月 3 日 10 时	吉林伊通	35.7	7 月 3 日 16 时
山西屯留	35.2	7 月 3 日 16 时	黑龙江宾县	32.8	7 月 2 日 16 时

分省强对流实况统计(站次)						
省份	短时强降水			雷暴大风		冰雹
	≥20 mm/h	≥50 mm/h	≥80 mm/h	≥8 级	≥10 级	
河北	7	1	0	35	12	1
辽宁	3	0	0	6	1	
吉林	9	0	0	31	1	
山西	1	0	0	12	0	
内蒙古	1	0	0	14	1	1
黑龙江	23	0	0	25	2	1
山东	2	0	0	20	1	1

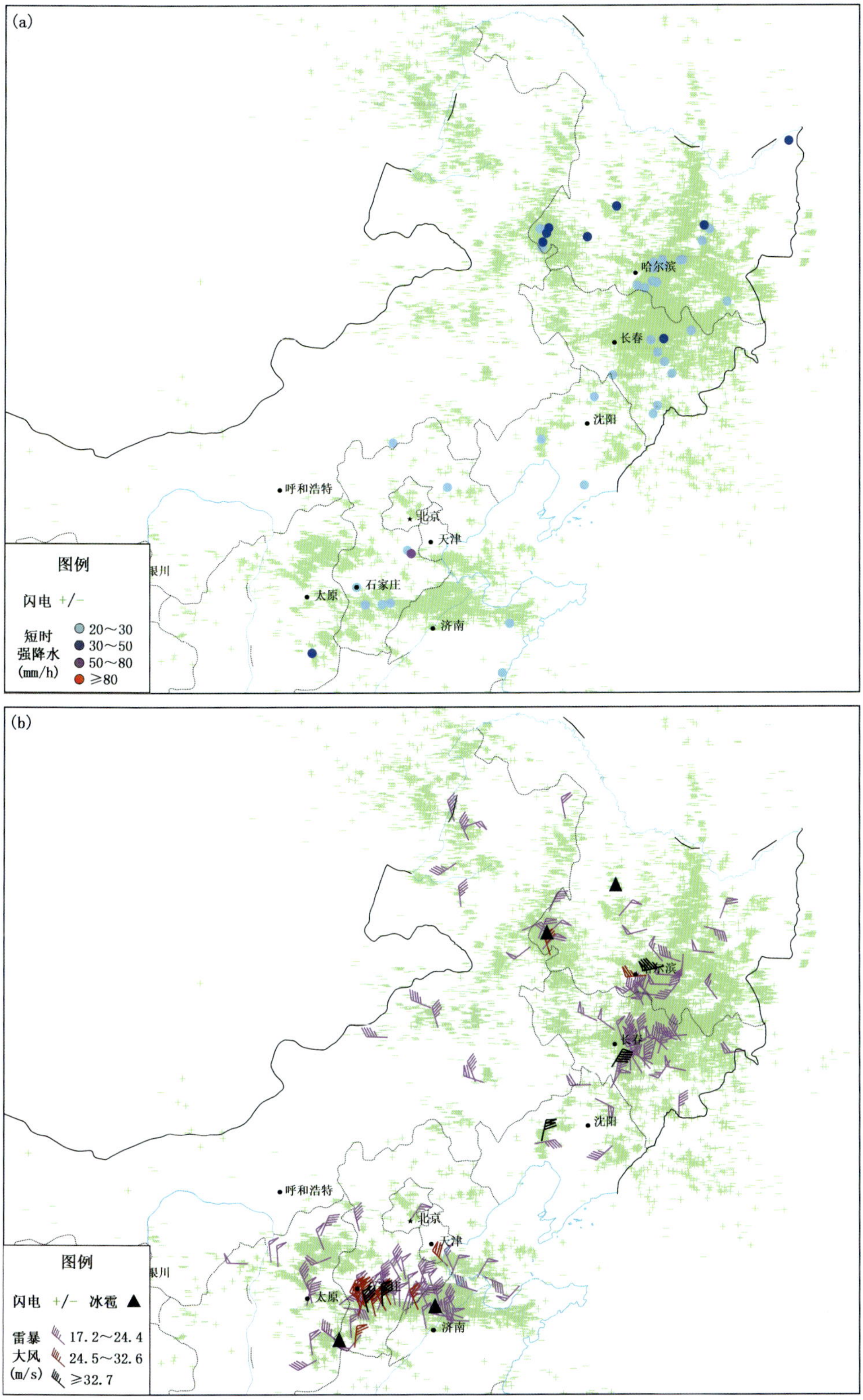

图 2.25　7 月 2 日 14 时—3 日 20 时过程强对流实况

(a)闪电和短时强降水；(b)闪电、冰雹和雷暴大风

第26次主要强对流天气过程：7月4日14时—7日08时

7月4—7日，500 hPa横槽转竖并加深，配合低空急流、低层切变线和低空急流共同影响华北、黄淮和江淮等地。对流活动在内蒙古中部和山西北部不断触发，并在东移南下过程中发展为多条飑线。

地面站观测显示，华北、东北地区西部、黄淮东部、江淮等地出现大范围雷暴大风和短时强降水，局地出现12级雷暴大风或超过80 mm/h的短时强降水，河北南部出现冰雹（表2.26、图2.26）。

表2.26　7月4日14时—7日08时过程强对流实况

最强对流天气实况					
短时强降水			雷暴大风		
位置	雨强（mm/h）	时间	位置	风速（m/s）	时间
江苏赣榆	89.4	07月6日12时	山东潍坊	35.7	07月6日11时
江苏连云港	87.5	07月6日15时	黑龙江肇州	33.9	07月5日00时
江苏高邮	81.8	07月6日18时	河北深州	32.7	07月5日18时

分省强对流实况统计（站次）						
省份	短时强降水			雷暴大风		冰雹
	≥20 mm/h	≥50 mm/h	≥80 mm/h	≥8级	≥10级	
天津	3	0	0	15	2	
河北	42	0	0	126	13	5
内蒙古	33	4	0	111	16	
辽宁	11	0	0	29	1	
江苏	105	4	3	44	1	
安徽	40	4	0	37	1	
山东	83	6	0	39	5	1
北京	2	0	0	3	0	
山西	3	0	0	15	0	1
吉林	12	0	0	7	0	
黑龙江	38	1	0	17	3	

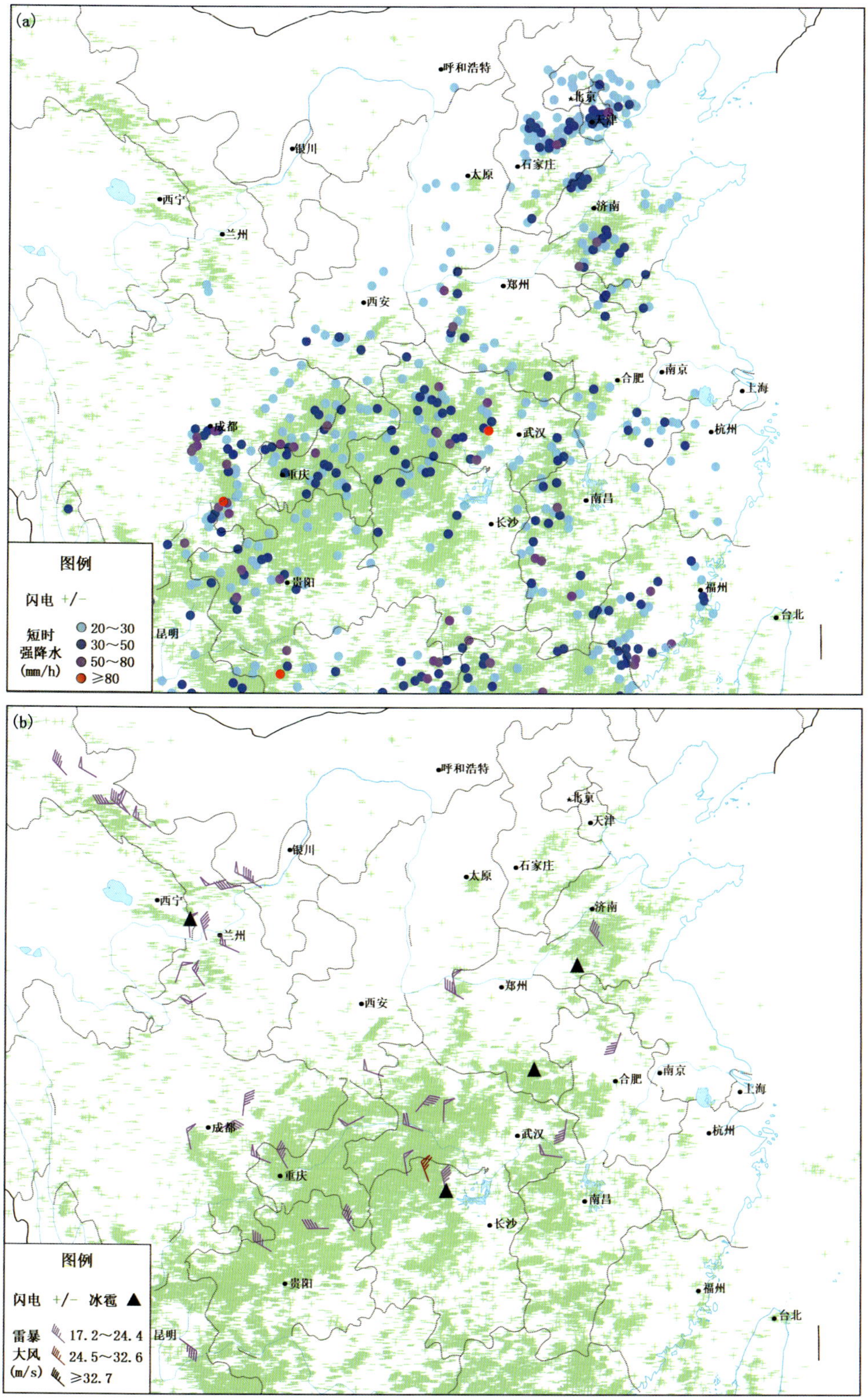

图 2.28　7 月 22 日 08 时—23 日 20 时过程强对流实况

(a)闪电和短时强降水；(b)闪电、冰雹和雷暴大风

第 29 次主要强对流天气过程:7 月 24 日 08 时—25 日 20 时

7 月 24—25 日,500 hPa 冷涡位于内蒙古东北部,西风槽东移配合低层切变线共同影响东北地区和华北中北部等地。对流活动在内蒙古中东部触发后,东移发展为线状对流或飑线。

地面站观测显示,华北中北部和东北地区出现大范围雷暴大风和短时强降水,局地出现 11 级雷暴大风或 80 mm/h 以上的短时强降水(表 2.29、图 2.29)。

表 2.29　7 月 24 日 08 时—25 日 20 时过程强对流实况

最强对流天气实况					
短时强降水			雷暴大风		
位置	雨强(mm/h)	时间	位置	风速(m/s)	时间
内蒙古科尔沁左翼中旗	93.9	7 月 24 日 22 时	吉林梨树	31.8	7 月 25 日 03 时
吉林蛟河	56.7	7 月 25 日 16 时	辽宁西丰	28.8	7 月 24 日 23 时
吉林乾安	50.9	7 月 24 日 17 时	内蒙古商都	28.5	7 月 25 日 14 时

分省强对流实况统计(站次)						
省份	短时强降水			雷暴大风		冰雹
	≥20 mm/h	≥50 mm/h	≥80 mm/h	≥8 级	≥10 级	
河北	17	0	0	33	2	1
内蒙古	11	1	1	61	8	
吉林	30	2	0	63	3	2
辽宁	4	0	0	11	1	
黑龙江	31	0	0	15	2	

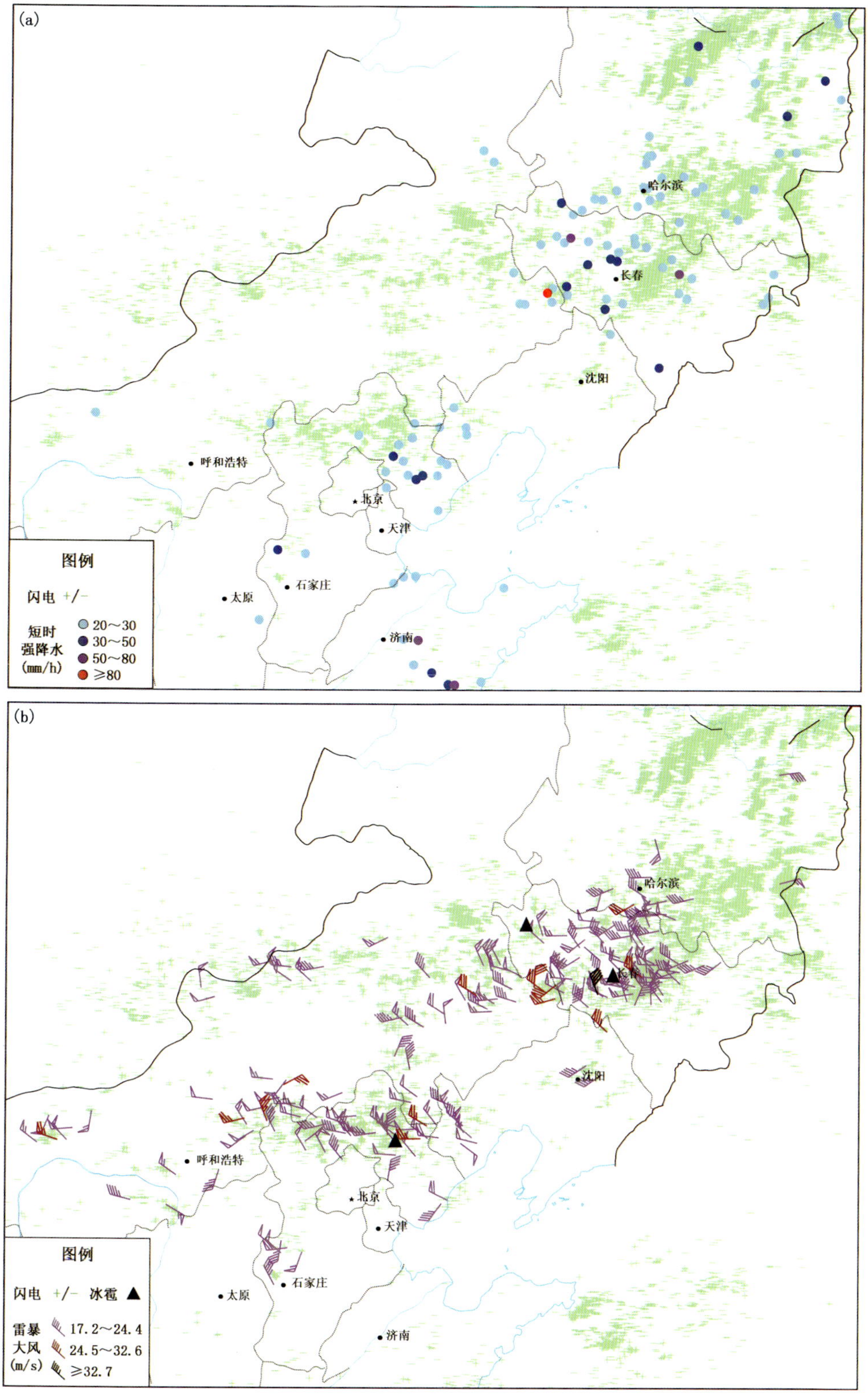

图 2.29　7 月 24 日 08 时—25 日 20 时过程强对流实况

(a)闪电和短时强降水；(b)闪电、冰雹和雷暴大风

第30次主要强对流天气过程:7月28日14时—30日20时

7月28—30日,500 hPa蒙古冷涡东移至内蒙古东北部,冷涡后部横槽转竖,同时副热带高压东退南落,配合低层的低层切变线、低空急流及地面冷锋共同影响西北地区东部、西南地区东部、黄淮、华北和东北地区等地。对流活动在东北地区、华北等地触发后,发展为多条线状对流和飑线。

地面站观测显示,西北地区东部、华北、东北地区、黄淮、西南地区东部、江汉和江淮出现大范围雷暴大风和短时强降水,局地出现12级以上大风或超过80 mm/h的短时强降水,华北北部和黄淮局地出现冰雹(表2.30、图2.30)。

表2.30 7月28日14时—30日20时过程强对流实况

最强对流天气实况					
短时强降水			雷暴大风		
位置	雨强(mm/h)	时间	位置	风速(m/s)	时间
四川沙湾	87.0	7月28日21时	内蒙古扎兰屯	39.3	7月28日18时
四川盐边	79.0	7月29日03时	河北开平	36.6	7月29日16时
贵州仁怀	76.7	7月29日23时	山东城阳	34.6	7月30日13时

分省强对流实况统计(站次)						
省份	短时强降水			雷暴大风		冰雹
	≥20 mm/h	≥50 mm/h	≥80 mm/h	≥8级	≥10级	
北京	10	1	0	2	0	
天津	12	2	0	4	1	
河北	133	9	0	65	6	2
山西	47	0	0	38	1	
内蒙古	23	0	0	60	6	3
辽宁	75	5	0	6	0	
黑龙江	55	1	0	109	14	
山东	54	1	0	36	2	1
河南	32	1	0	45	2	2
四川	106	16	1	29	2	1
陕西	52	1	0	35	3	
甘肃	21	0	0	32	3	1
青海	2	0	0	25	2	

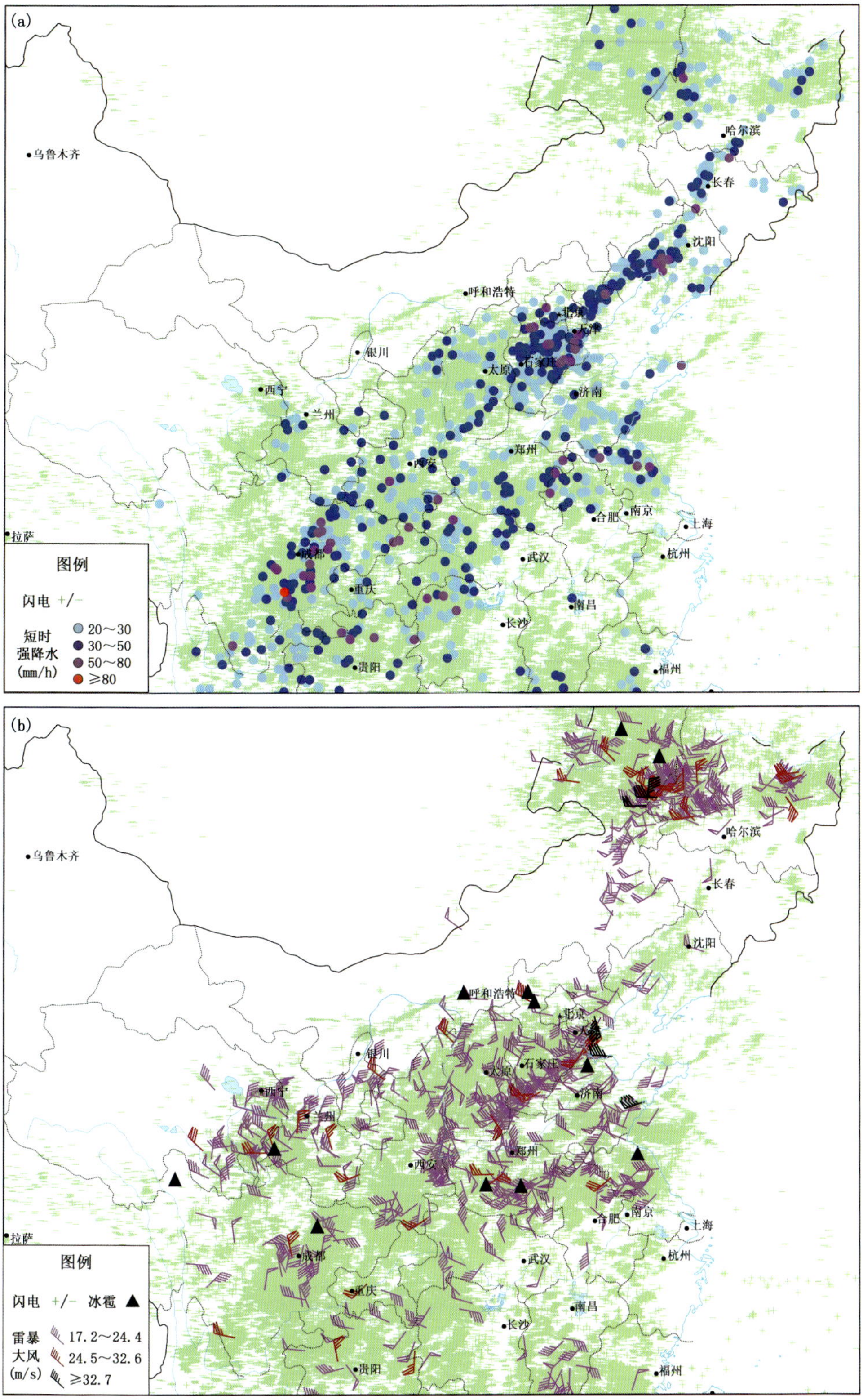

图 2.30　7 月 28 日 14 时—30 日 20 时过程强对流实况

(a)闪电和短时强降水；(b)闪电、冰雹和雷暴大风

第 31 次主要强对流天气过程:7 月 31 日 17 时—8 月 2 日 23 时

7 月 31 日—8 月 2 日，500 hPa 西风槽东移，同时副热带高压东退，配合低层切变线和低空急流共同影响西北地区东部、江汉北部、华北和黄淮等地。对流活动在华北、黄淮多地触发后，发展为多条飑线。

地面站观测显示，西北地区东部、华北、东北地区南部、黄淮、江汉北部、江淮等地出现大范围雷暴大风和短时强降水，局地出现 12 级以上大风或超过 80 mm/h 的短时强降水，河南中南部等地局地出现冰雹(表 2.31、图 2.31)。

表 2.31　7 月 31 日 17 时—8 月 2 日 23 时过程强对流实况

最强对流天气实况					
短时强降水			雷暴大风		
位置	雨强(mm/h)	时间	位置	风速(m/s)	时间
辽宁庄河	97.3	8 月 2 日 23 时	山东城阳	49.4	8 月 2 日 07 时
江苏洪泽	93.9	8 月 2 日 17 时	河南叶县	37.7	8 月 1 日 18 时
江苏灌云	87.0	8 月 2 日 15 时	内蒙古海南	36.5	8 月 2 日 18 时

分省强对流实况统计(站次)						
省份	短时强降水			雷暴大风		冰雹
	≥20 mm/h	≥50 mm/h	≥80 mm/h	≥8 级	≥10 级	
天津	9	0	0	5	0	
河北	63	2	0	64	7	
辽宁	56	2	1	16	0	
江苏	41	6	2	14	1	
安徽	55	8	0	48	7	
山东	62	2	0	17	2	1
河南	81	13	1	53	5	3
山西	12	0	0	17	1	
内蒙古	8	0	0	37	4	
陕西	20	0	0	9	0	1
甘肃	17	1	0	21	2	
宁夏	5	1	0	7	0	1

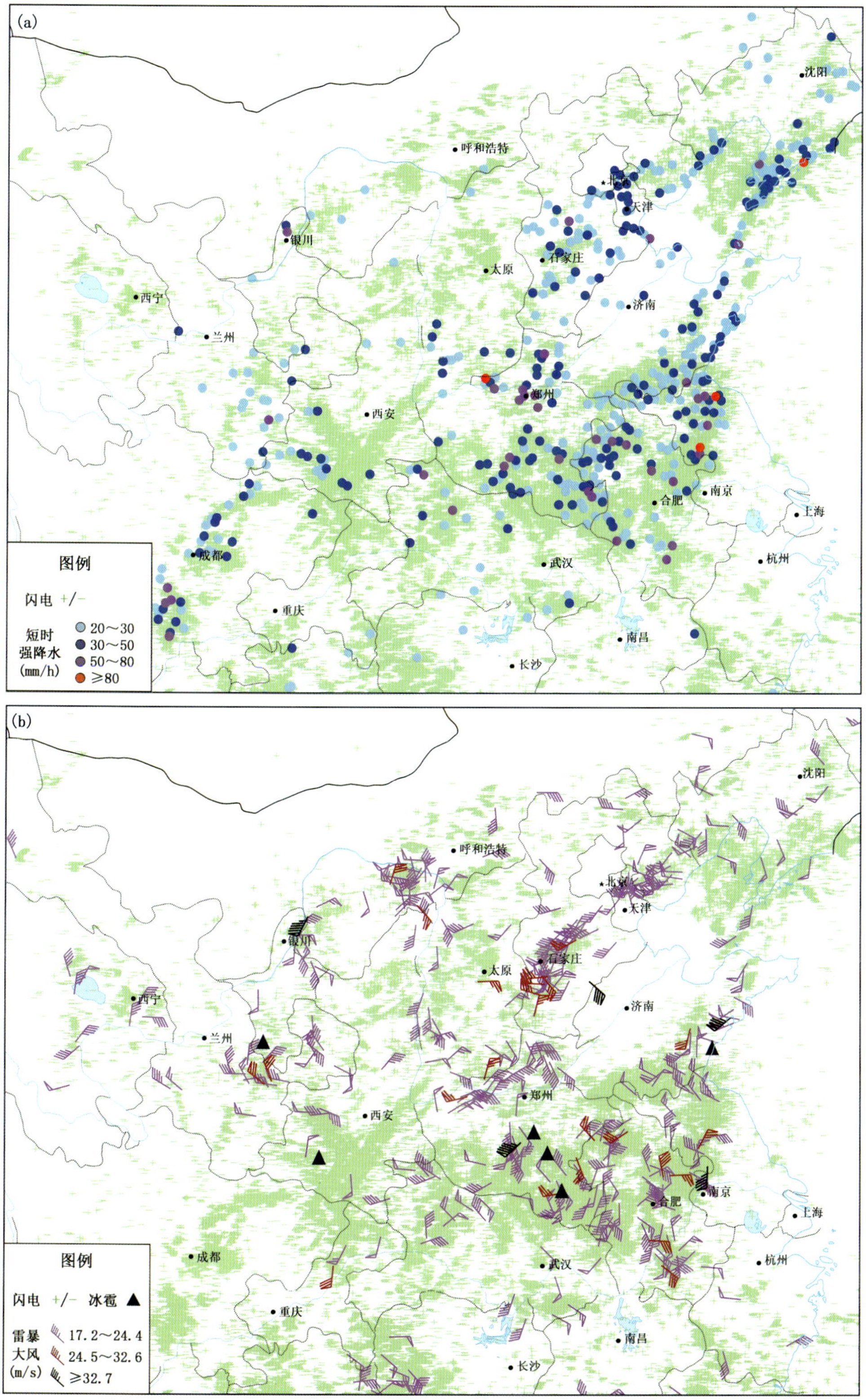

图 2.31　7 月 31 日 17 时—8 月 2 日 23 时过程强对流实况
(a)闪电和短时强降水；(b)闪电、冰雹和雷暴大风

第 32 次主要强对流天气过程:8 月 8 日 08 时—9 日 20 时

8 月 8—9 日,500 hPa 冷涡低槽东移,配合低层的低层切变线共同影响西北地区东部和华北中西部。对流活动在西北地区东部触发后,东移发展为线状对流。

地面站观测显示,西北地区东部、华北和黄淮西部等地的部分地区出现雷暴大风和短时强降水,局地出现 11 级雷暴大风(表 2.32、图 2.32)。

表 2.32　8 月 8 日 08 时—9 日 20 时过程强对流实况

最强对流天气实况					
短时强降水			雷暴大风		
位置	雨强(mm/h)	时间	位置	风速(m/s)	时间
河南三门峡	82.0	8 月 9 日 11 时	青海乐都	30.7	8 月 9 日 17 时
内蒙古科尔沁	74.7	8 月 9 日 17 时	内蒙古东胜	29.0	8 月 8 日 15 时
山西左权	70.5	8 月 8 日 18 时	甘肃安定	27.8	8 月 9 日 18 时

分省强对流实况统计(站次)						
省份	短时强降水			雷暴大风		冰雹
	≥20 mm/h	≥50 mm/h	≥80 mm/h	≥8 级	≥10 级	
内蒙古	14	1	0	98	11	1
甘肃	6	0	0	24	2	
宁夏	1	0	0	9	0	
北京	7	2	0	0	0	
天津	2	0	0	0	0	
河北	25	1	0	5	0	
山西	9	1	0	6	0	
河南	15	2	1	0	0	
青海	0	0	0	8	1	

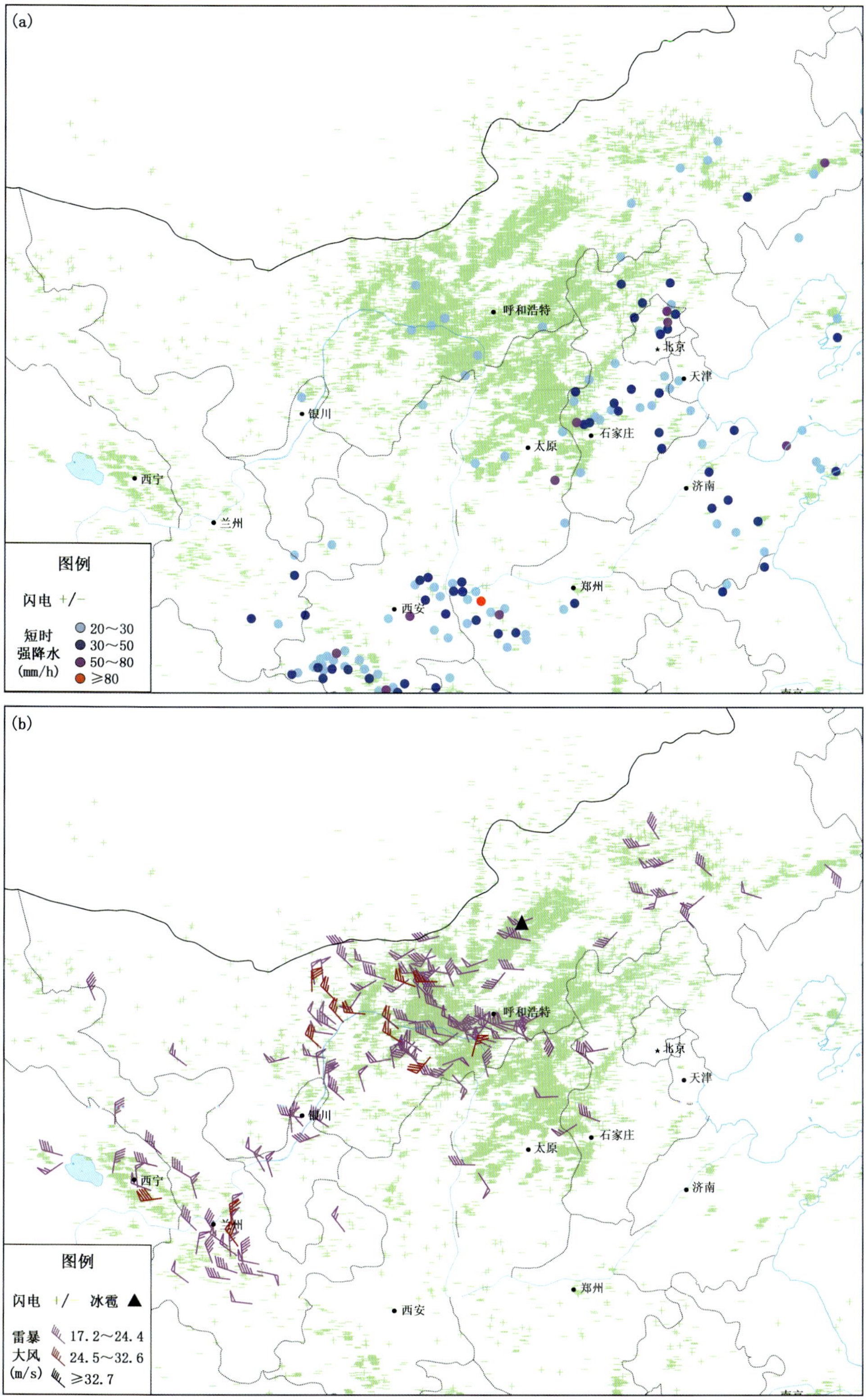

图 2.32 8 月 8 日 08 时—9 日 20 时过程强对流实况
(a)闪电和短时强降水;(b)闪电、冰雹和雷暴大风

第 33 次主要强对流天气过程：8 月 15 日 08 时—17 日 08 时

8 月 15—16 日，500 hPa 横槽东移下摆，配合低层的低层切变线共同影响华北和东北地区南部等地。对流活动在内蒙古中部触发后，向东偏南方向移动发展为多条线状对流。

地面站观测显示，华北、东北地区南部出现大范围雷暴大风，河北西北部局地风力达到 11 级，河北、山东北部局地出现冰雹，华北东部和东北地区南部出现短时强降水（表 2.33、图 2.33）。

表 2.33　8 月 15 日 08 时—17 日 08 时过程强对流实况

最强对流天气实况					
短时强降水			雷暴大风		
位置	雨强 (mm/h)	时间	位置	风速 (m/s)	时间
辽宁喀左	61.6	8 月 15 日 22 时	河北宣化	29.5	8 月 15 日 21 时
辽宁兴城	53.3	8 月 16 日 15 时	河北怀来	29.3	8 月 15 日 21 时
辽宁法库	52.7	8 月 16 日 19 时	河北易县	27.5	8 月 15 日 18 时

分省强对流实况统计（站次）						
省份	短时强降水			雷暴大风		冰雹
	≥20 mm/h	≥50 mm/h	≥80 mm/h	≥8 级	≥10 级	
北京	2	0	0	11	2	
河北	11	0	0	59	7	5
山西	0	0	0	7	0	
内蒙古	15	0	0	46	1	
辽宁	36	5	0	15	1	
山东	11	0	0	10	0	1

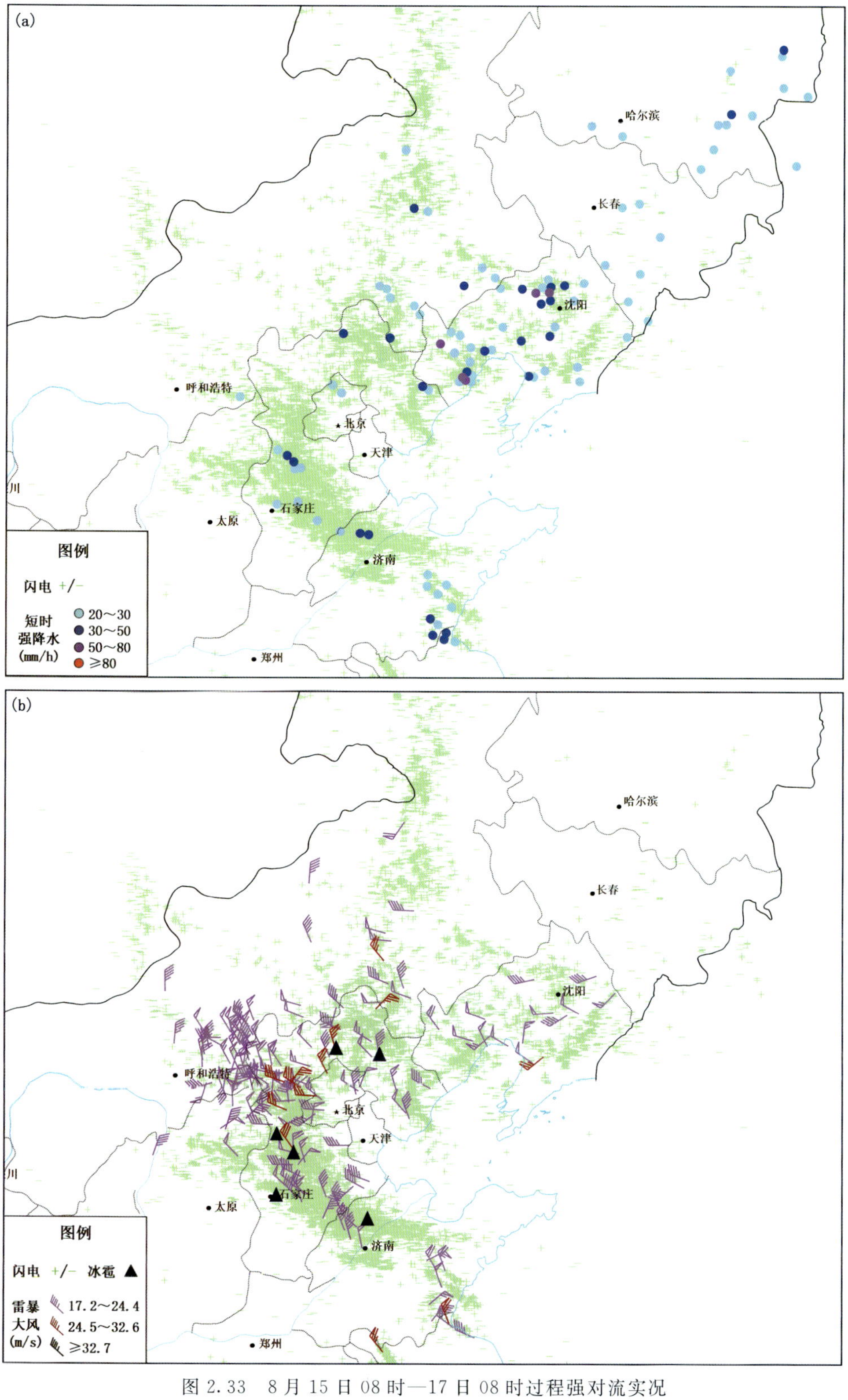

图 2.33　8 月 15 日 08 时—17 日 08 时过程强对流实况

(a)闪电和短时强降水；(b)闪电、冰雹和雷暴大风

第34次主要强对流天气过程:8月28日23时—29日23时

8月28—29日,500 hPa副热带高压南部边界位于华南沿海,南侧偏东气流引导台风“杨柳”西行影响华南地区。对流活动在华南中南部地区触发后,快速发展为多条线状对流和飑线。

地面站观测显示,华南部分地区出现雷暴大风和短时强降水(表2.34、图2.34),其中海南屯昌和儋州出现强龙卷。

表2.34　8月28日23时—29日23时过程强对流实况

最强对流天气实况					
短时强降水			雷暴大风		
位置	雨强(mm/h)	时间	位置	风速(m/s)	时间
海南昌江	62.5	8月29日07时	海南三亚	28.3	8月29日14时
广西大新	57.1	8月29日23时	海南三沙	26.1	8月29日08时
海南白沙	54.6	8月29日05时	广西河池	25.9	8月29日16时

分省强对流实况统计(站次)						
省份	短时强降水			雷暴大风		冰雹
	≥20 mm/h	≥50 mm/h	≥80 mm/h	≥8级	≥10级	
广西	38	1	0	32	1	
海南	14	2	0	15	2	
广东	9	0	0	13	3	

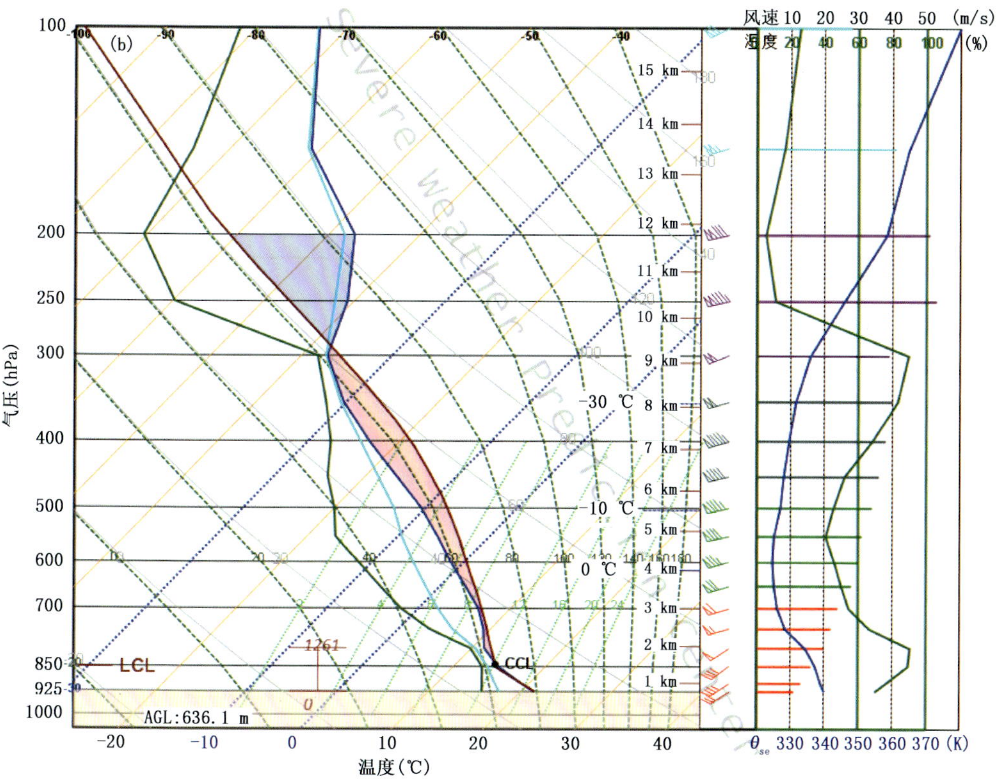

图 3.2　3 月 20 日 14 时 500 hPa 高度场、850 hPa 风场、相对湿度场(a)和
3 月 20 日 14 时安徽中部(118°E,30°N)温度-对数压力图(b)

3 月 21 日午后,随着低层切变线和地面冷锋南压,冷暖空气交汇于江南北部地区,低层 850 hPa 切变线南侧西南急流的维持为江南中北部等地提供了暖湿平流输送条件(图 3.3a)。以江西中部 21 日 14 时的温度-对数压力图(图 3.3b)为例:热力场上, CAPE 达 1000 J/kg, 850 hPa 与 500 hPa 温差达 27 ℃,最有利抬升指数(best lifting index,BLI)低于−5 ℃;水汽场上,925 hPa 至700 hPa 存在深厚湿层,而中层 500 hPa 相对湿度迅速降低至 30%以下,存在明显的中层干区,层结廓线呈现“上喇叭口”特征;动力场上,500 hPa 处于急流轴附近,0～6 km 垂直风切变达 30 m/s 以上。

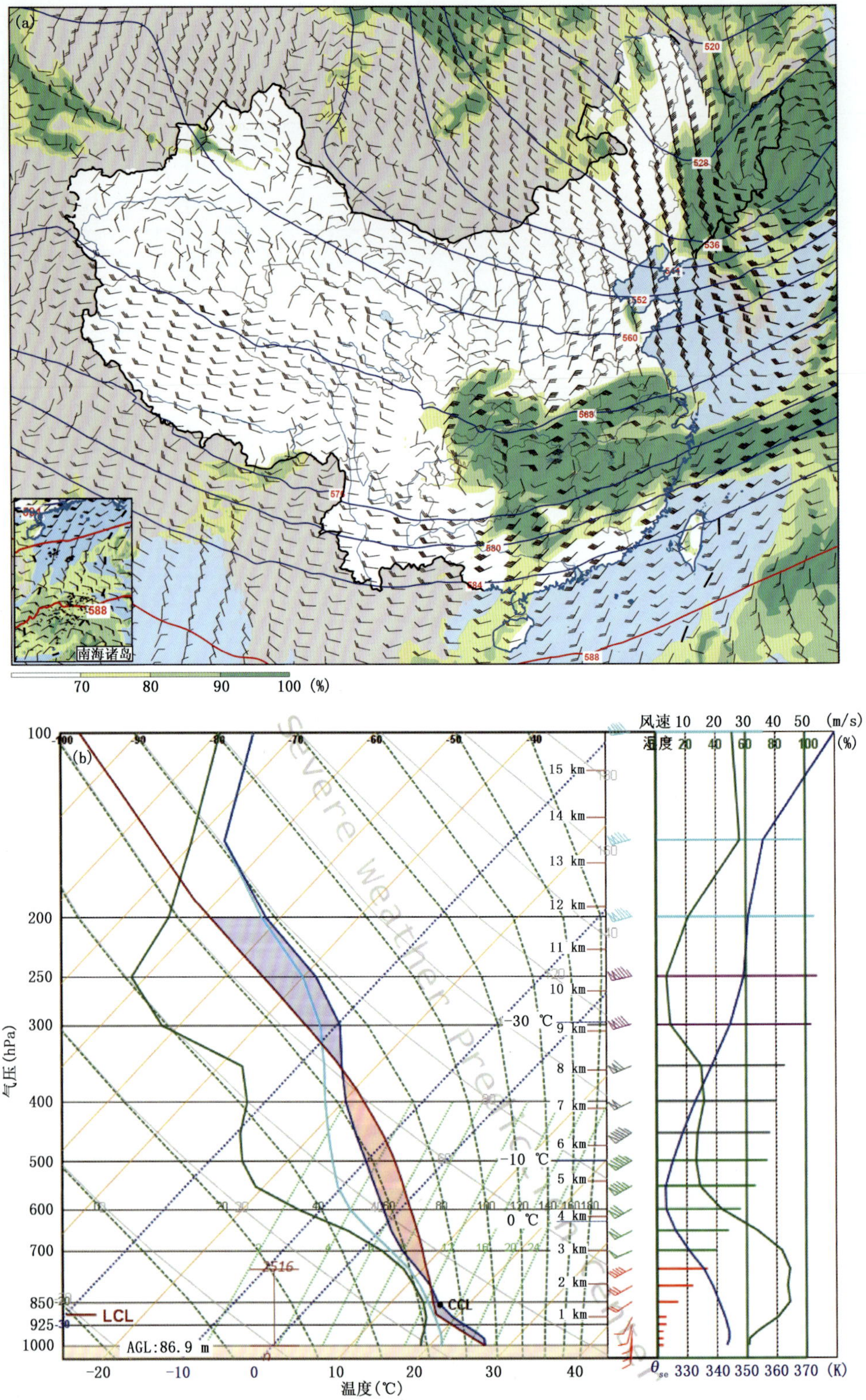

图 3.3　3 月 21 日 14 时 500 hPa 高度场、850hPa 风场和相对湿度场(a)和
3 月 21 日 14 时江西北部(115°E,27°N)温度-对数压力图(b)

3.1.3　中尺度对流系统特征

此次过程中，3 月 20 日影响安徽、江苏等地的中尺度对流系统形态为多单体风暴组成的线状对流系统，而 3 月 21 日影响湖南、江西、浙江等地的中尺度对流系统形态以飑线为主。

3 月 20 日上午，安徽中部持续出现新生对流云团，并在东移过程中不断增强合并为线状对流系统。中午时段，安徽西部有新生对流单体快速发展加强为超级单体风暴，并东移影响安徽中部等地，12—14 时(图 3.4c,d,e)超级单体风暴最大回波强度达 70 dBZ 以上，并造成安徽马鞍山附近 14 级雷暴大风天气。对流活动在 20 日 23 时后逐渐减弱消散。

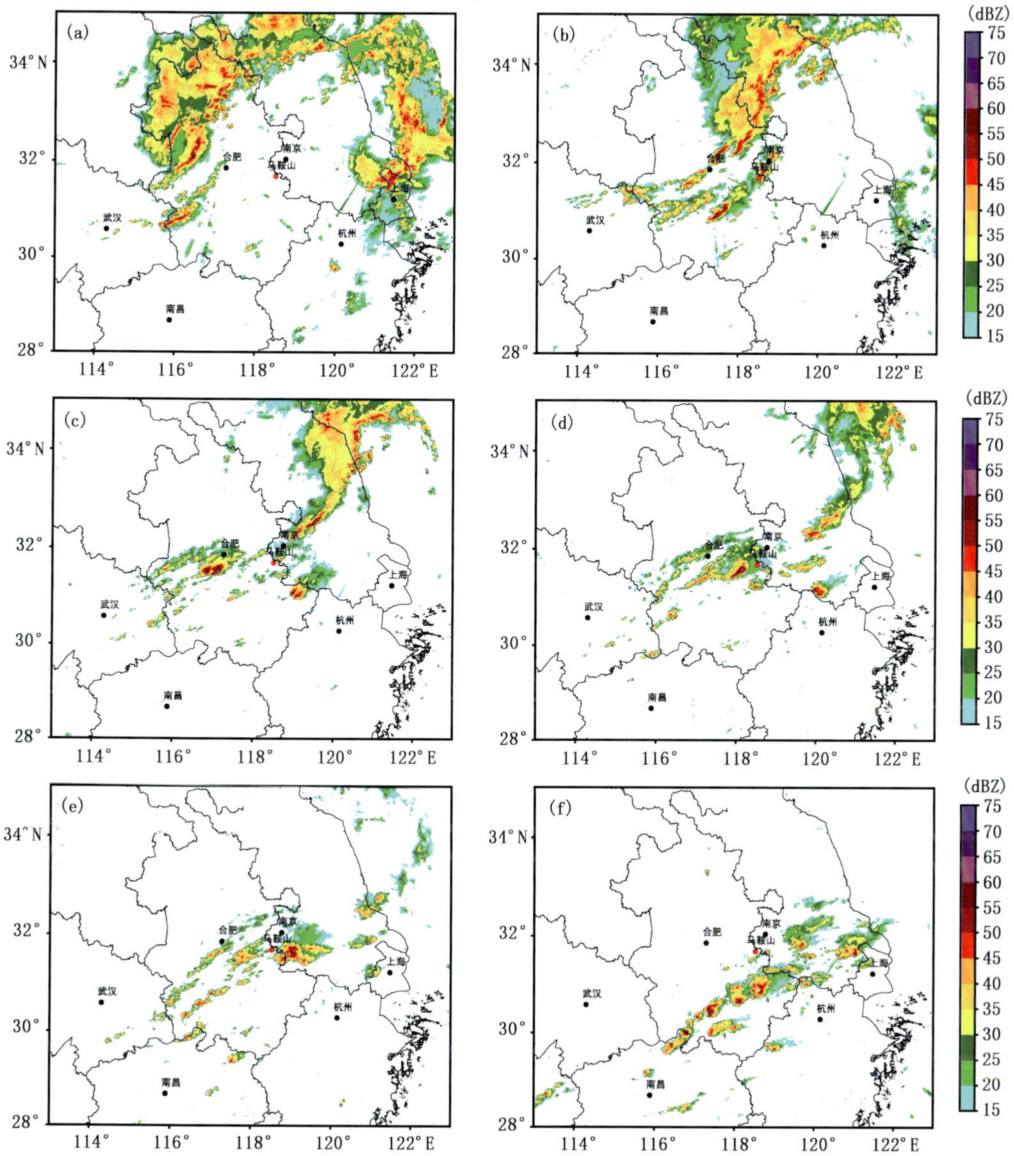

图 3.4　3 月 20 日中尺度对流系统雷达回波实况演变
(a)08 时；(b)10 时；(c)12 时；(d)13 时；(e)14 时；(f)16 时

3月21日凌晨至夜间，有多个中尺度强对流系统自西向东影响湖南、江西中北部、浙江等地，并多次出现飑线或超级单体风暴（图3.5）。江西中北部等地在过程期间至少经历3次飑线过境影响，中尺度对流系统最大回波强度均达到65～70 dBZ或者以上，并伴有“强回波悬垂”或“弓状回波”等强风暴形态特征（图略）。对流活动在21日22时后逐渐减弱消散。

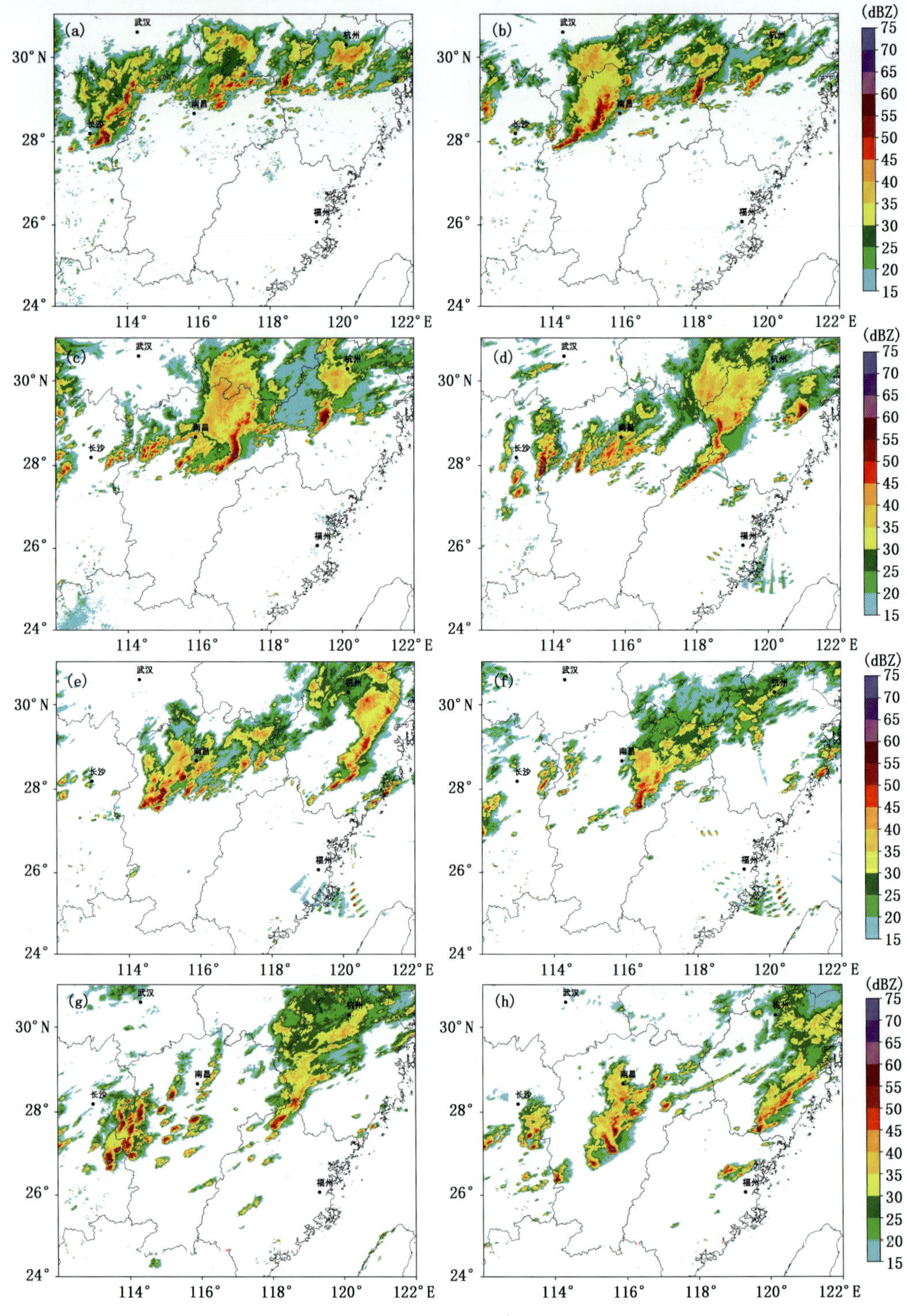

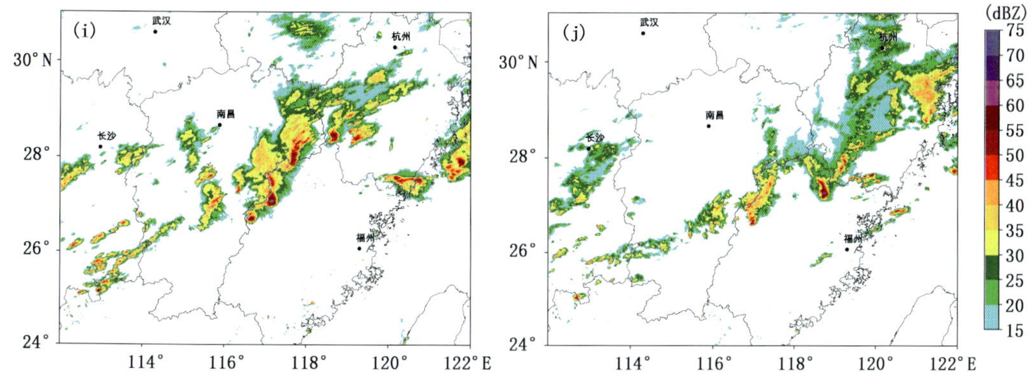

图 3.5 3 月 21 日中尺度对流系统雷达回波实况演变

(a)04 时;(b)06 时;(c)08 时;(d)10 时;(e)12 时;(f)14 时;(g)16 时;(h)18 时;(i)20 时;(j)22 时

3.2 4 月 8—9 日黄淮、江汉、江淮雷暴大风天气

3.2.1 实况与灾情

此次过程是 2019 年春季影响西南地区东部、江汉、江淮和江南东北部的一次大范围强对流天气过程。8 日 20 时—10 日 08 时，四川、重庆、湖北、安徽、江西、江苏、上海、浙江等地出现以雷暴大风、冰雹为主的强对流天气(图 3.6)。其中，4 月 9 日中午至傍晚，浙江衢州、江苏苏州和湖北红安等地多个自动站记录到风力等级达 12 级以上的雷暴大风。

3.2.2 环境场特征

本次强对流天气过程是在高空短波槽和江淮气旋东移的环境背景下发生的。

9 日 08 时，江淮气旋中心位于安徽北部，地面锋面位于安徽南部和湖北东部，锋前暖区存在强盛的低空西南急流(图 3.7a)。以安徽西南部 9 日 08 时的温度-对数压力图(图 3.7b)为例：热力场上，850 hPa 与 500 hPa 温差大于 26 ℃，CAPE 接近 1000 J/kg；水汽场上，600 hPa 以下为深厚的湿层，但 500 hPa 相对湿度降至 20%以下，中层存在明显的干区，层结廓线呈现“上喇叭口”特征；动力场上，低层垂直风切变较强，925 hPa 急流风速高达 16 m/s。

3.2.3 中尺度对流系统特征

此次过程中，4 月 9 日白天的中尺度对流系统呈线状对流形态，对流系统在中午时段组织化发展并形成飑线，造成长江中下游地区的风雹天气。

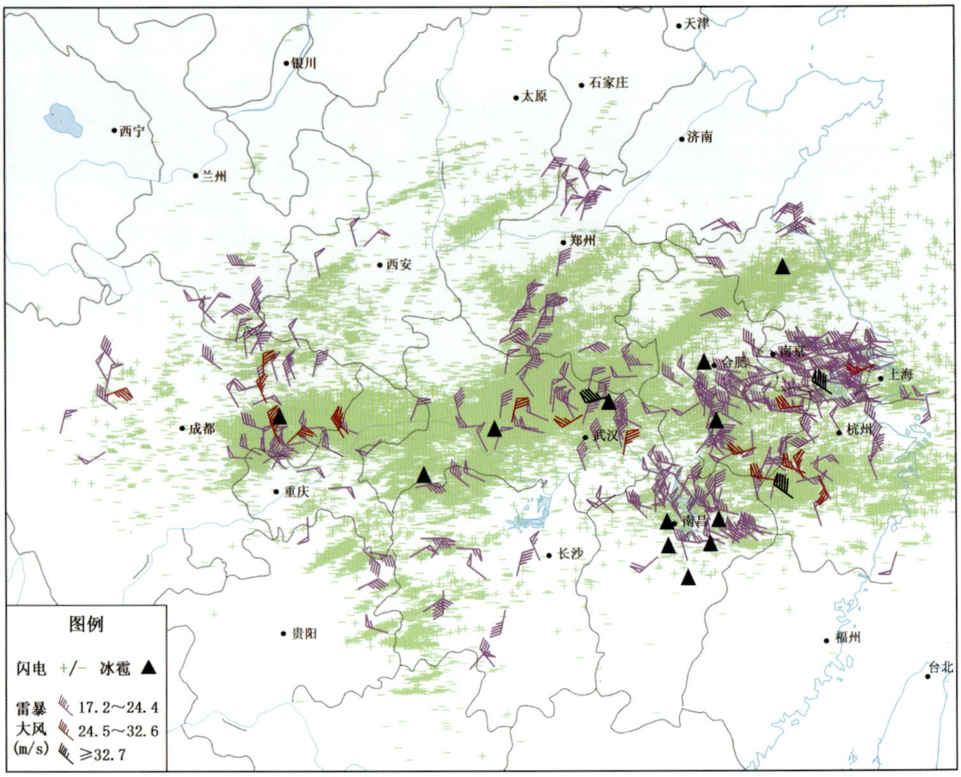

图 3.6　4 月 8 日 20 时—10 日 08 时闪电、冰雹和雷暴大风实况

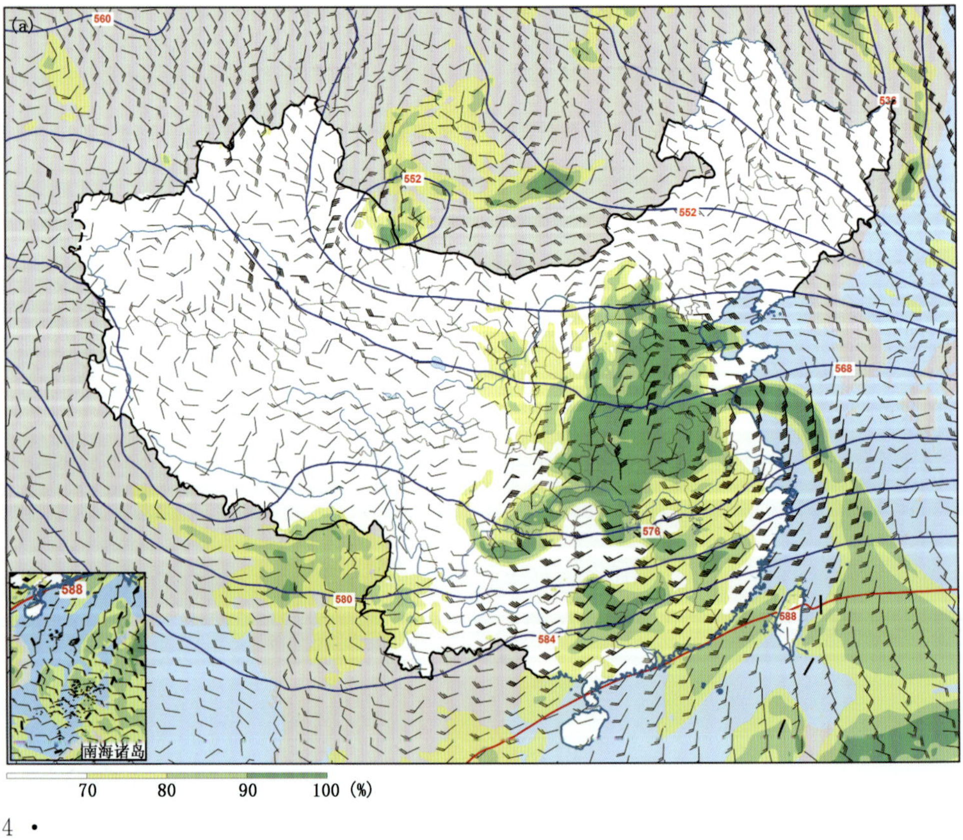

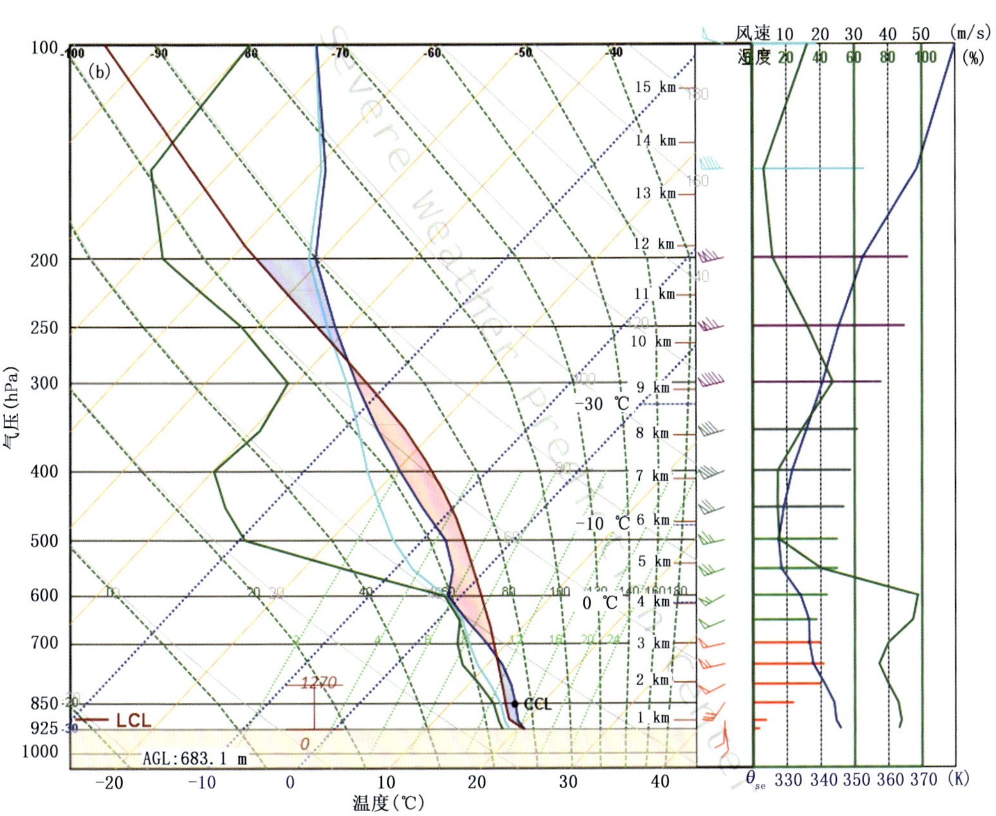

图 3.7 4 月 9 日 08 时 500 hPa 高度场、850 hPa 风场和相对湿度场(a)和
4 月 9 日 08 时安徽西南部(116°E,30°N)温度-对数压力图(b)

4 月 9 日凌晨,在湖北中东部和安徽北部已存在线状中尺度对流系统并逐渐东移发展。中午时段,对流系统进一步组织化发展为南北向飑线,并具有弓状结构特征(图 3.8c,d,e,f),造成安徽、江苏、上海等地风雹天气。15 时前后,飑线东移入海,西侧对流系统逐渐发展为东北—西南向的线状对流系统,并继续影响江西北部、浙江北部等地区。对流活动在入夜后逐渐减弱消散。

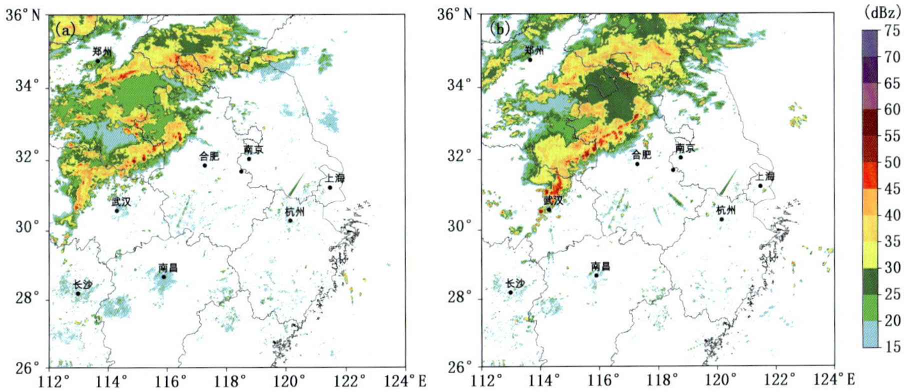

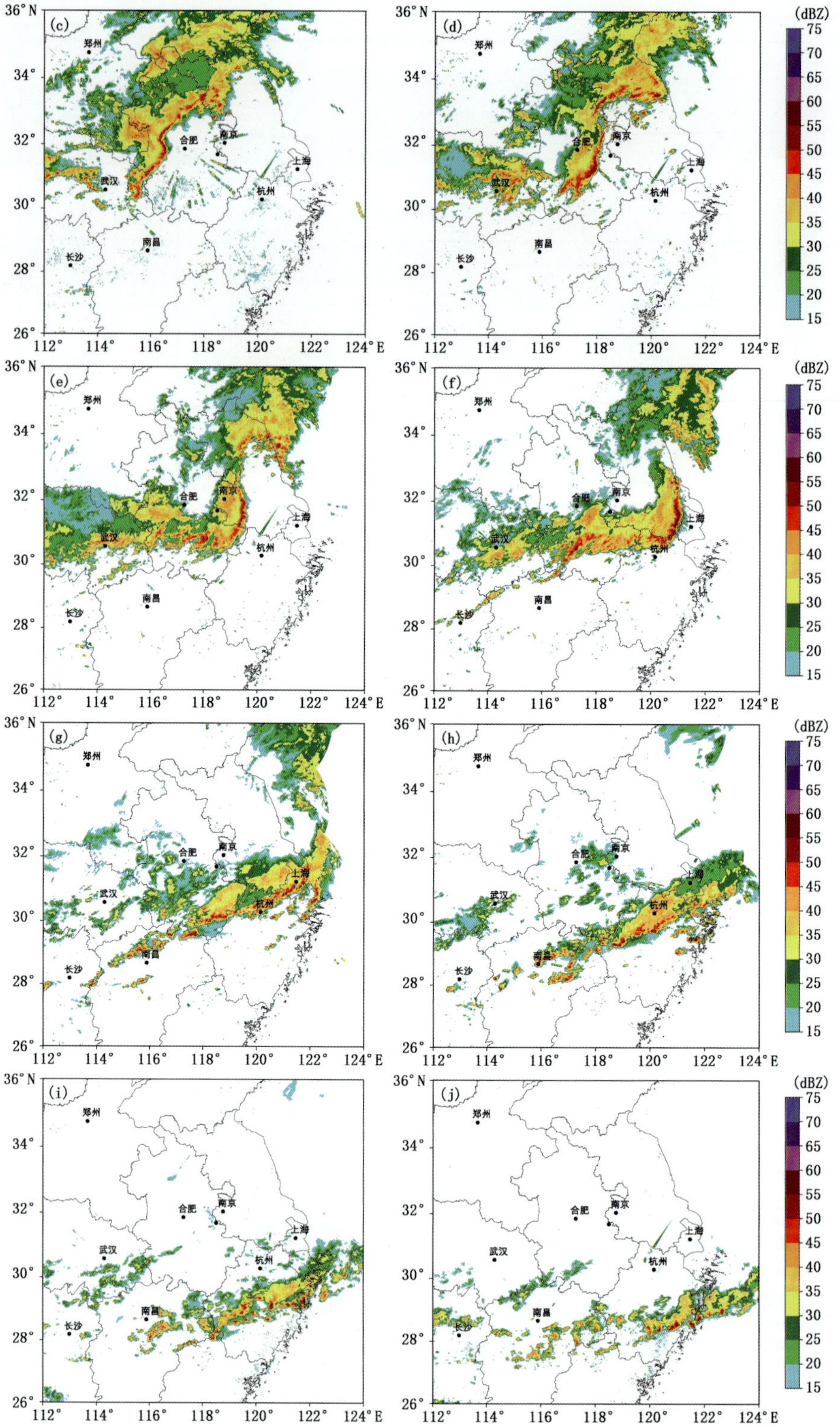

图 3.8　4 月 9 日中尺度对流系统雷达回波实况演变

(a)03 时;(b)05 时;(c)07 时;(d)09 时;(e)11 时;(f)13 时;(g)15 时;(h)17 时;(i)19 时;(j)21 时

3.3 4 月 11 日广东深圳短时强降水天气

3.3.1 实况与灾情

此次过程造成深圳市出现重大人员伤亡。4 月 11 日傍晚至前半夜，广东中东部发生以短时强降水为主的强对流天气（图 3.9），局地伴有 8～9 级雷暴大风和冰雹。其中，深圳记录到 704 次闪电，福田区莲花山站最大小时雨量 75 mm，罗湖区莲塘站最大小时雨量 80.6 mm，光明和宝安局地出现冰雹。

据应急管理部灾情统计信息，受此次强对流天气过程影响，深圳全市多个区域突发洪水，福田区、罗湖区多处暗渠、暗涵遭遇洪水，导致 11 人死亡。

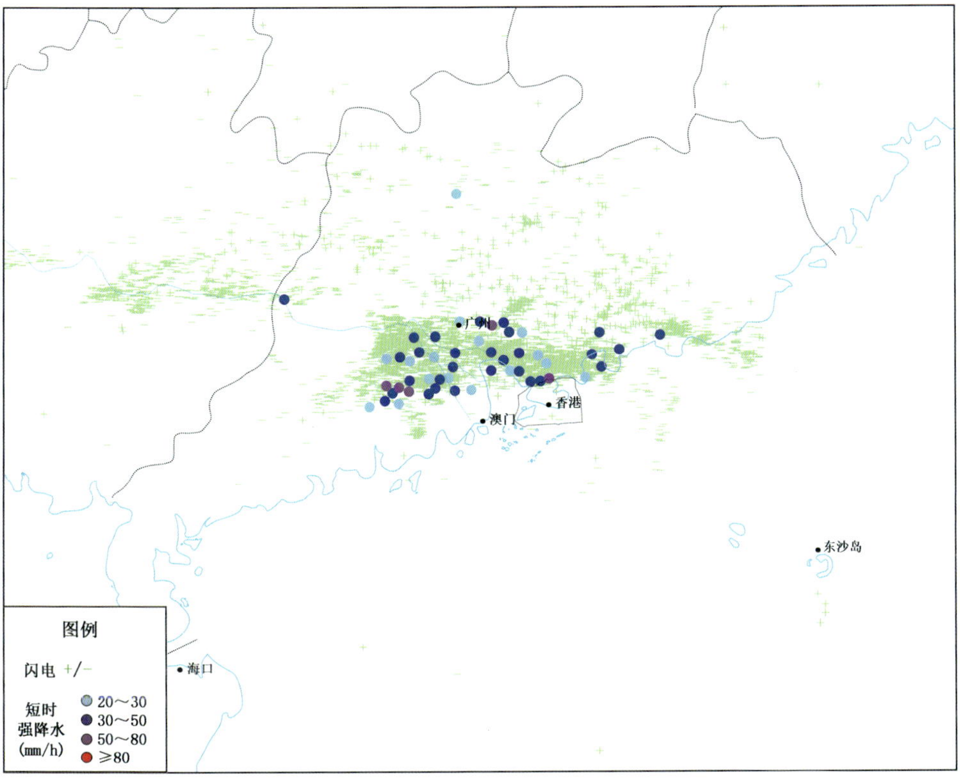

图 3.9 4 月 11 日 20—23 时闪电和短时强降水实况

3.3.2 环境场特征

本次强对流天气过程是在副热带高压北侧、低层切变线系统稳定维持的环境背景下发生的（图 3.10a）。

4 月 11 日，华南处于副热带高压边缘，500 hPa 为偏西气流，低层冷空气南下与暖湿气流在华南交汇形成切变线，深圳正处于 925 hPa 的切变线附近。以深圳附近 11 日 20 时温度-对数压力图（图 3.10b）为例：热力场上，CAPE 接近 1000 J/kg；水汽场上，925 hPa 比湿超过 14 g/kg，大气可降水量（precipitable water，PWAT）达 50 mm，且 700 hPa 以上存在明显干层，层结廓线呈现“上喇叭口”特征；动力场上，0～6 km 垂直风切变约 23 m/s。

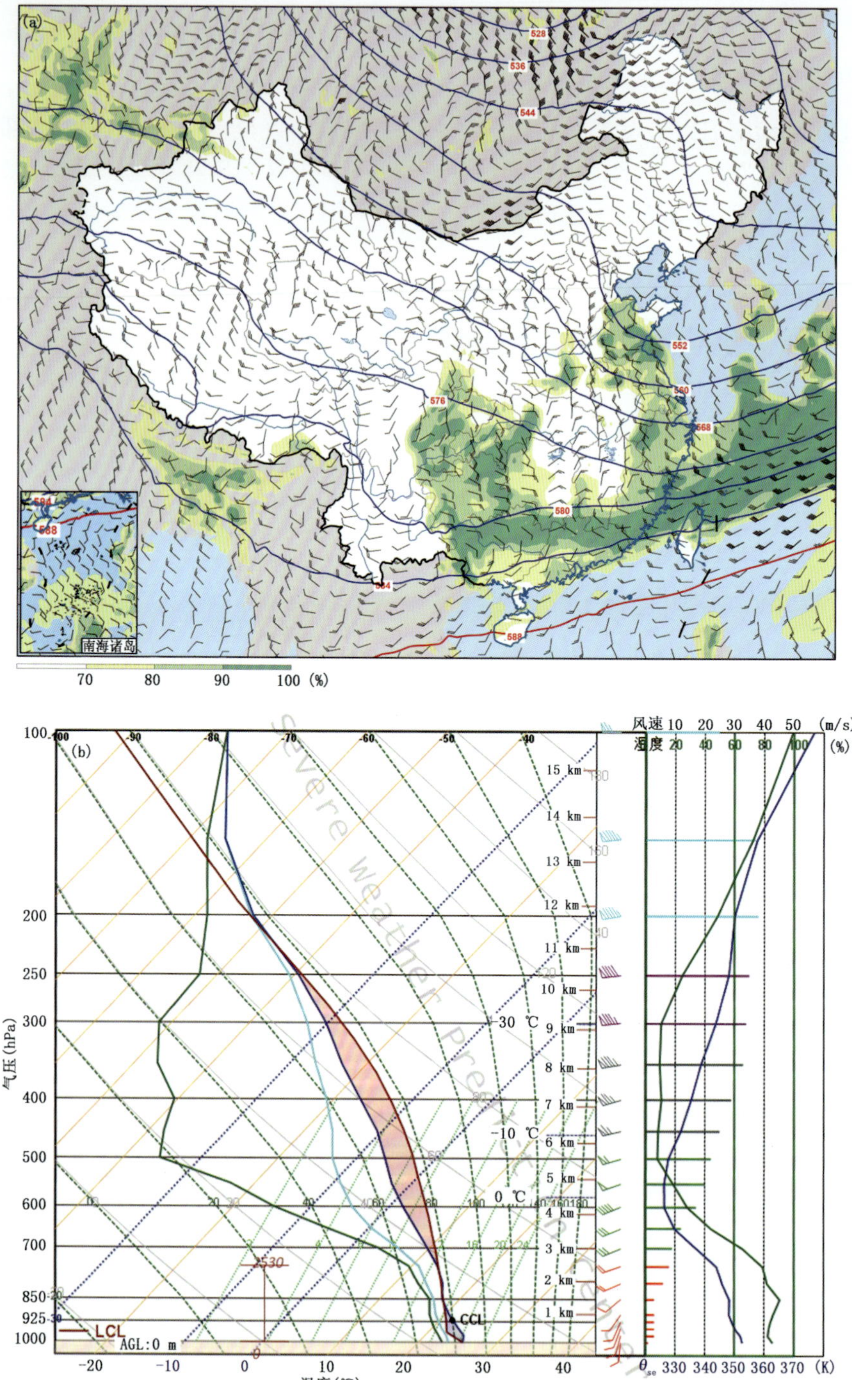

图 3.10　4 月 11 日 20 时 500 hPa 高度场、850 hPa 风场和相对湿度场（a）和
4 月 11 日 20 时广东南部（113°E，22°N）温度-对数压力图（b）

3.3.3 中尺度对流系统特征

此次过程中，4 月 11 日午后至夜间影响广东的中尺度对流系统形态为多单体强风暴。

4 月 11 日午后，广西东部有中尺度对流系统发展，并向东偏南方向移动。过程期间，中尺度对流系统呈多单体风暴形态，于傍晚前后开始影响珠三角地区(图 3.11)，最大回波强度 50～60 dBZ。由 21 时深圳附近区域雷达反射率二维剖面(图 3.12)可见，50 dBZ 以上的强回波主要位于 6 km 以下，呈低质心的强降水型对流结构特征。23 时后，对流系统主体东移入海并减弱消散。

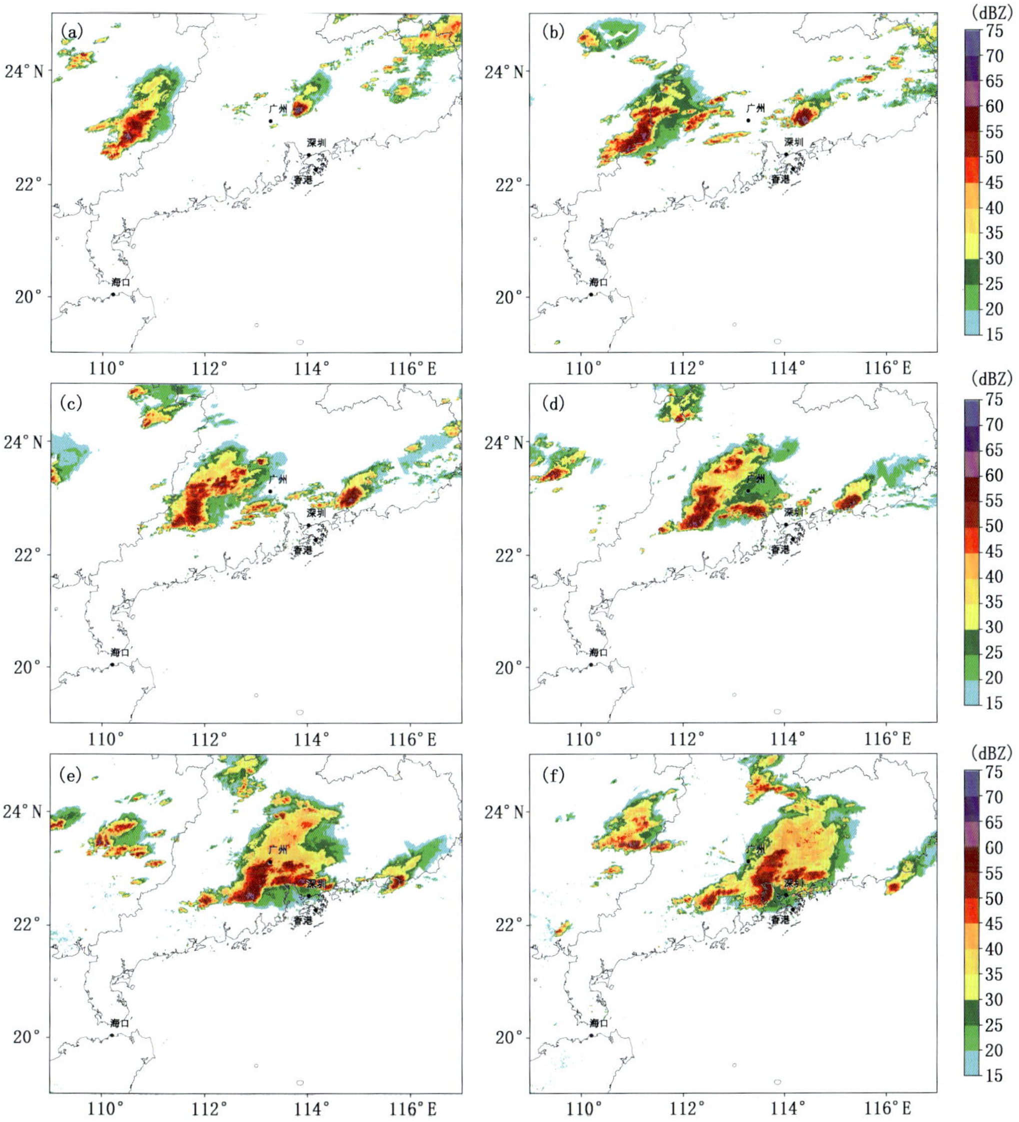

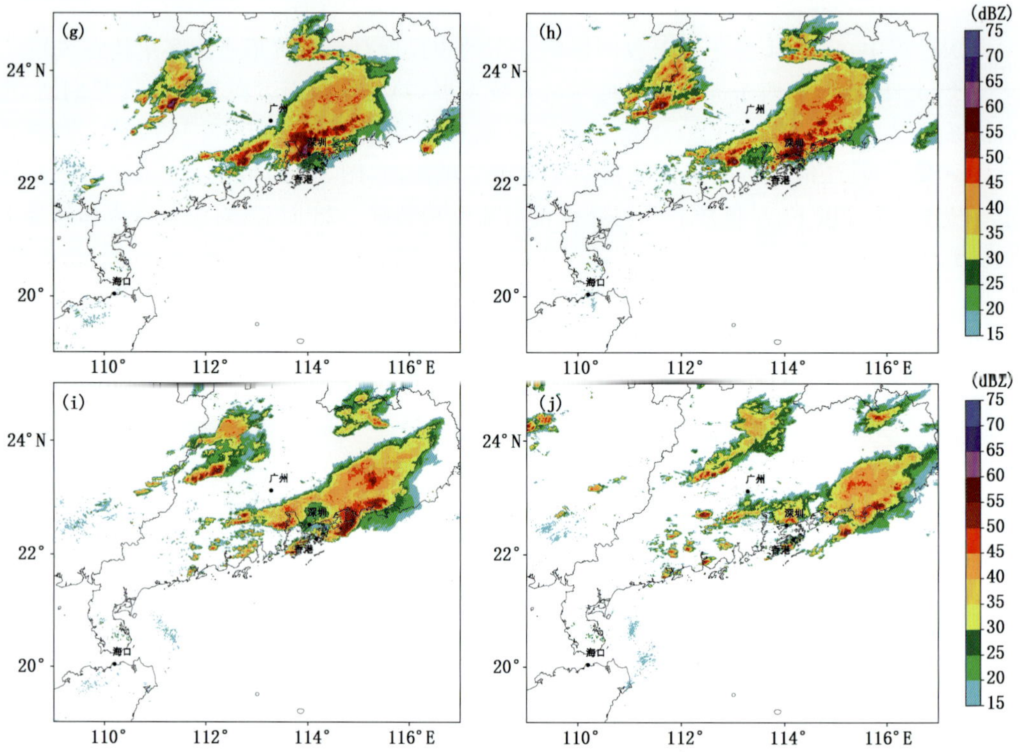

图 3.11 4 月 11 日中尺度对流系统雷达回波实况演变

(a)16 时；(b)17 时；(c)18 时；(d)19 时；(e)20 时；(f)21 时；(g)21 时 30 分；

(h)22 时；(i)23 时；(j)24 时

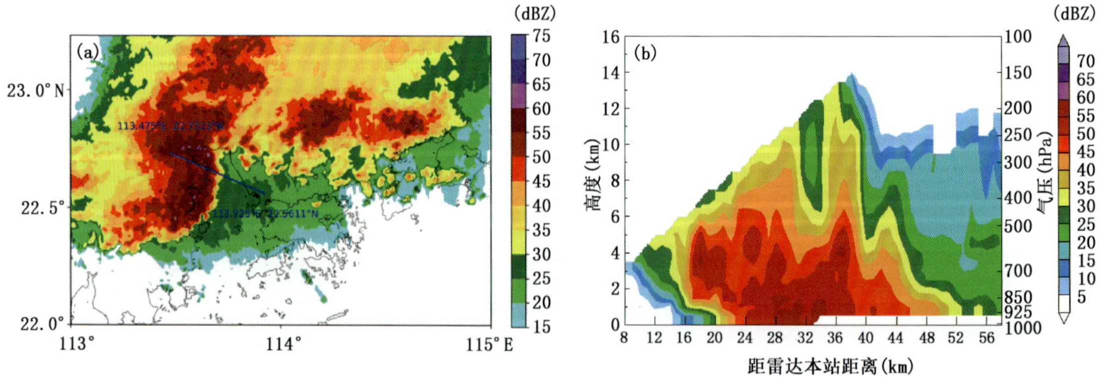

图 3.12 4 月 11 日 21 时深圳地区雷达回波

(a)1.5°仰角；(b)垂直剖面

3.4　4 月 24—25 日华北、黄淮雷暴大风和冰雹天气

3.4.1　实况与灾情

此次过程是 2019 年春季发生在华北、黄淮的一次大范围强对流天气过程。24 日 14 时—25 日 02 时，山西、河北中南部、河南北部等地出现区域性雷暴大风和冰雹天气(图 3.13)。其中，25 日凌晨河南小浪底附近自动站记录到风力等级达 12 级的雷暴大风，瞬时风速达到 34.5 m/s；河南洛阳 24 日 21 时出现直径 50 mm 的冰雹。

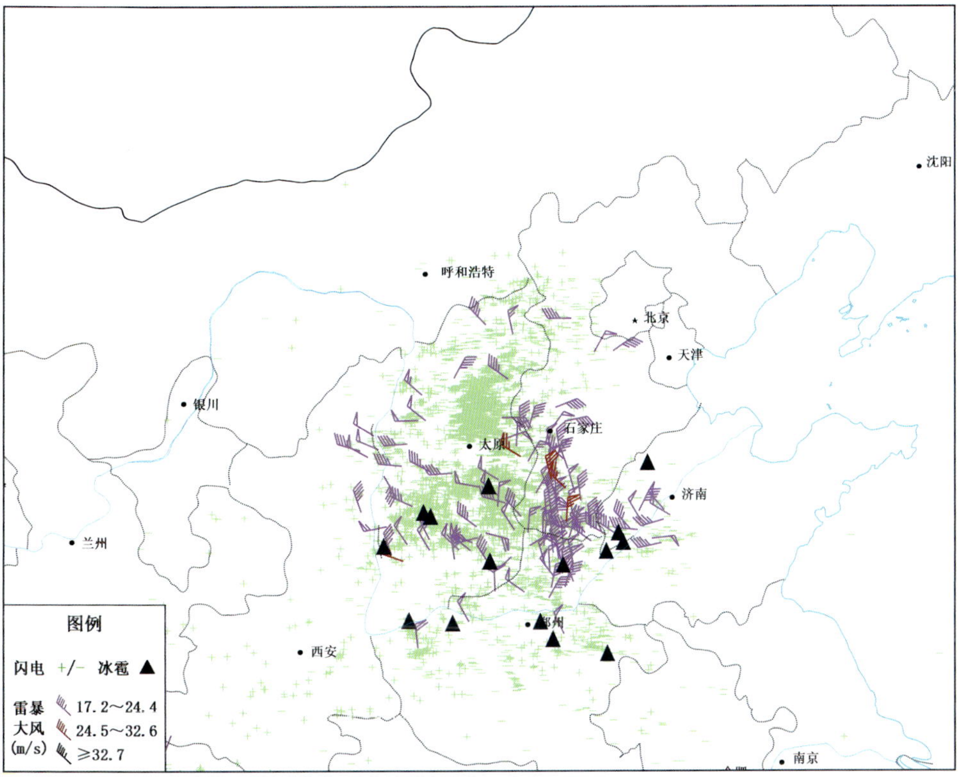

图 3.13　4 月 24 日 14 时—25 日 02 时闪电、冰雹和雷暴大风实况

3.4.2　环境场特征

本次强对流天气过程是在西风槽东移、地面冷锋南压共同影响的环境背景下发生的。

4 月 24 日 14 时，西风槽位于内蒙古中南部，低层冷暖空气交汇于山西中部(图 3.14a)。以 24 日 14 时山西东南部的温度对数-压力图(图 3.14b)为例：热力场上，850 hPa 与 500 hPa 温差大于 30 ℃，CAPE 值接近 1000 J/kg；水汽场上，700 hPa 附近存在浅薄的湿层，相对湿度达 80%以上，但 600 hPa 和近地面相对湿度均较小，层结廓线呈现“X”状特征；动力场上，0～6 km 垂直风切变约 20 m/s。

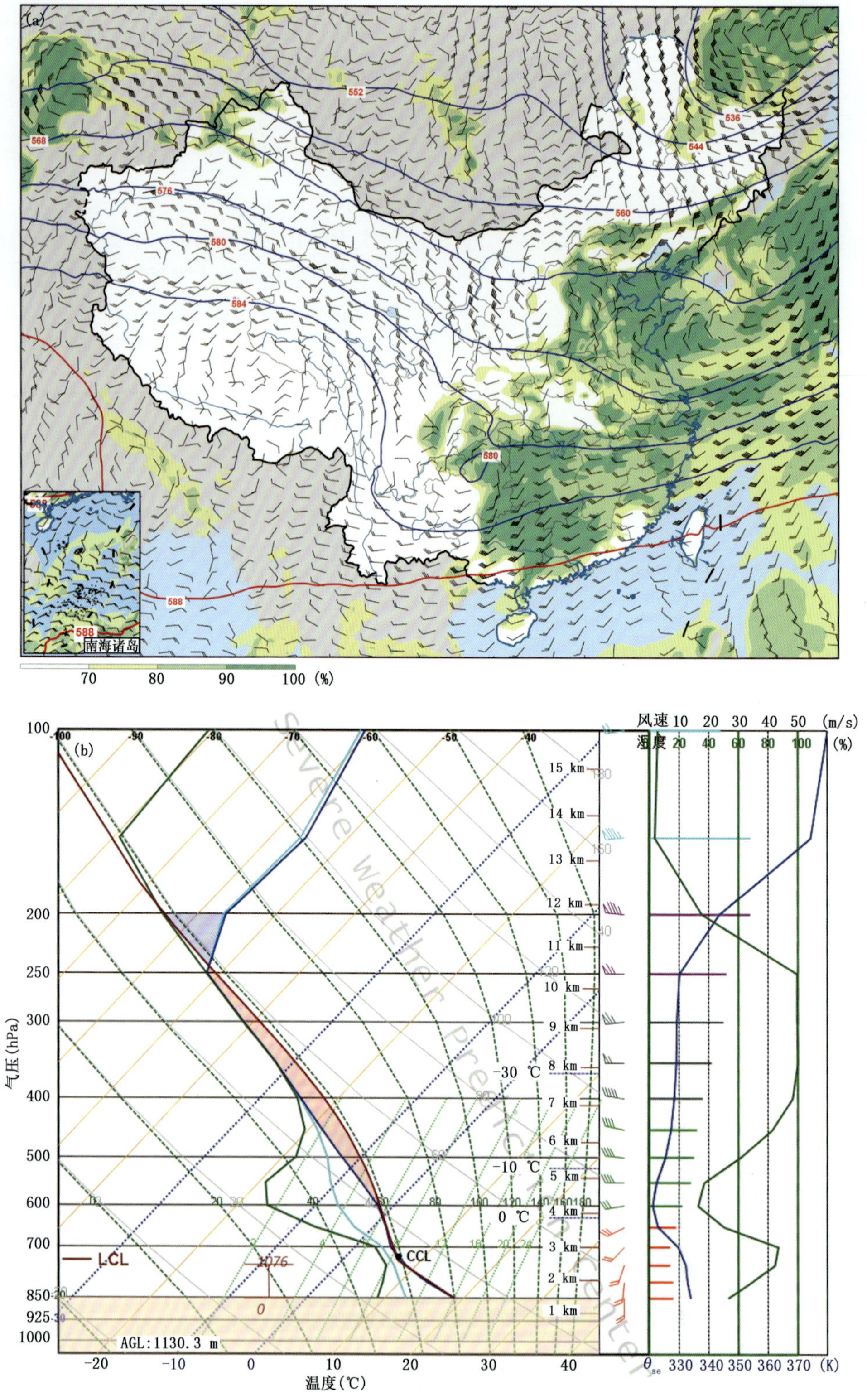

图 3.14　4 月 24 日 14 时 500 hPa 高度场、850 hPa 风场和相对湿度场(a)和
4 月 24 日 14 时山西东南部(113°E,37°N)温度-对数压力图(b)

3.4.3　中尺度对流系统特征

此次过程分为两个阶段。24 日午后至傍晚为第一阶段，对流系统形态以高原地区的多单体风暴为主；24 日夜间至 25 日凌晨为第二阶段，对流系统下山至平原过程中不断组织化发展，并形成飑线。

4 月 24 日午后，陕西中部多地出现新生对流系统并向东南方向移动，对流系统形态以多单体风暴为主，个别对流单体发展旺盛，最大回波反射率因子可达 60 dBZ。至 21 时，中尺度对流系统主体移至山西、河北、河南交界地区（图 3.15d），并加强发展为东北—西南向飑线，其中河南栾川附近最强雷达回波达 65 dBZ，垂直积分液态含水量（vertical integrated liquid water，VIL）达 65 kg/m^2，并出现直径 50 mm 的冰雹。至 25 日凌晨，飑线在东移过程中分裂为南北两段，强度有所减弱，但局部仍具有弓形回波特征，最大回波强度达到 60 dBZ，河南北部、山东西部出现雷暴大风。对流活动在 25 日 02 时后逐渐减弱消散。

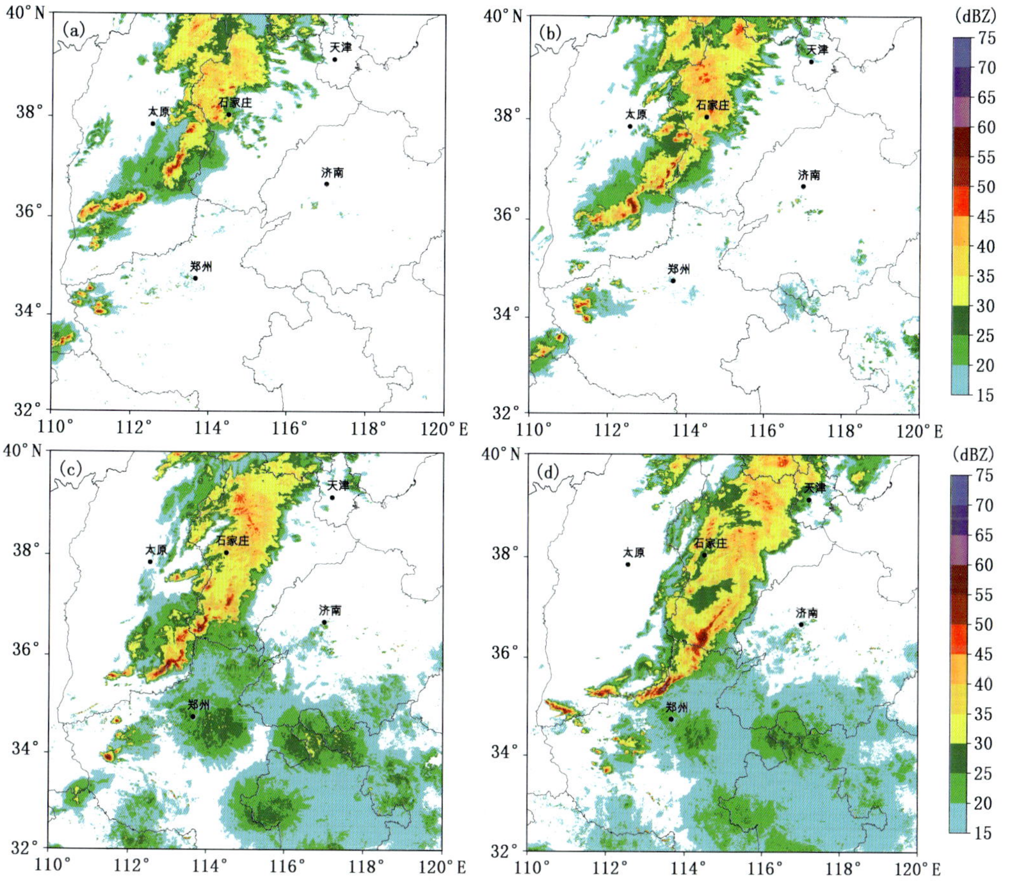

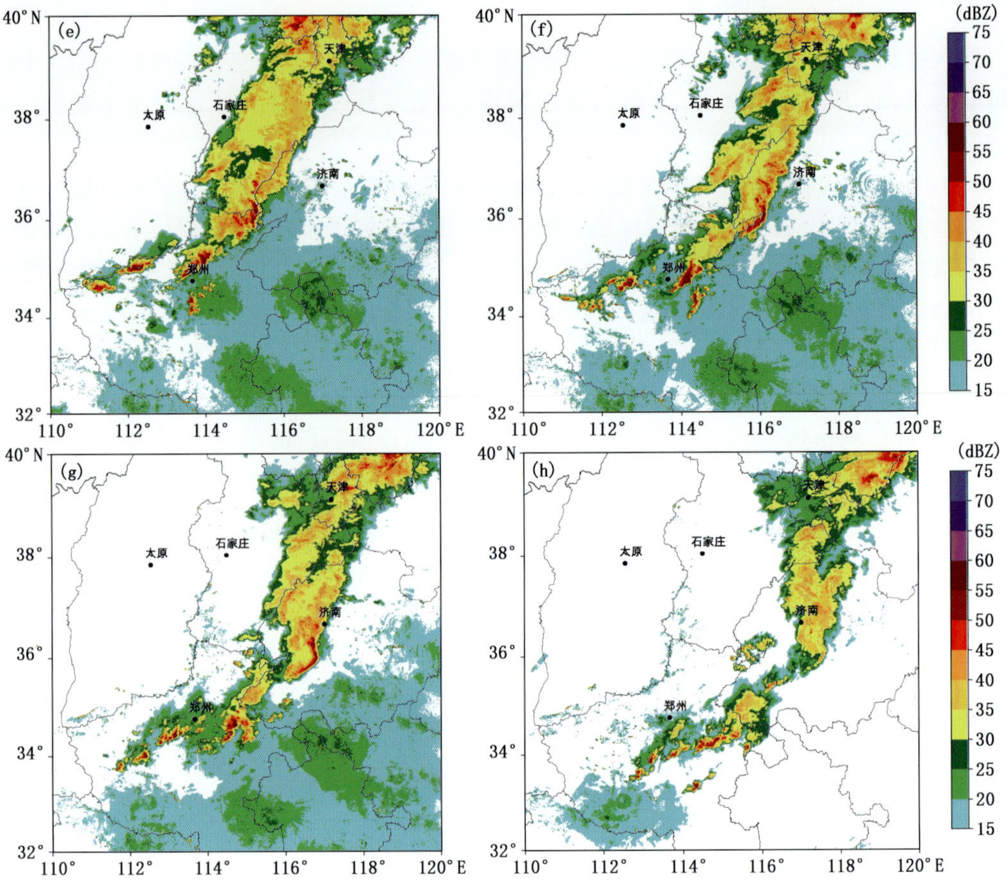

图 3.15　4 月 24—25 日中尺度对流系统雷达回波实况演变

(a)24 日 18 时；(b)19 时；(c)20 时；(d)21 时；(e)22 时；(f)23 时；(g)25 日 00 时；(h)01 时

3.5　5 月 17 日北京及周边区域强对流天气

3.5.1　实况与灾情

此次过程是 2019 年首次造成北京及周边区域重大灾害及社会影响的强对流天气事件。5 月 17 日 14 时—18 日 02 时，内蒙古中东部、河北中北部、北京东部、天津西部等地出现雷暴大风，部分地区伴有短时强降水和大冰雹（图 3.16）。其中，北京通州最大冰雹直径达 50 mm，强冰雹持续时间将近 1 h，最强降水出现在通州西集镇 101 农场，最大小时雨量为 78.6 mm，3 h 累积雨量达 178 mm。

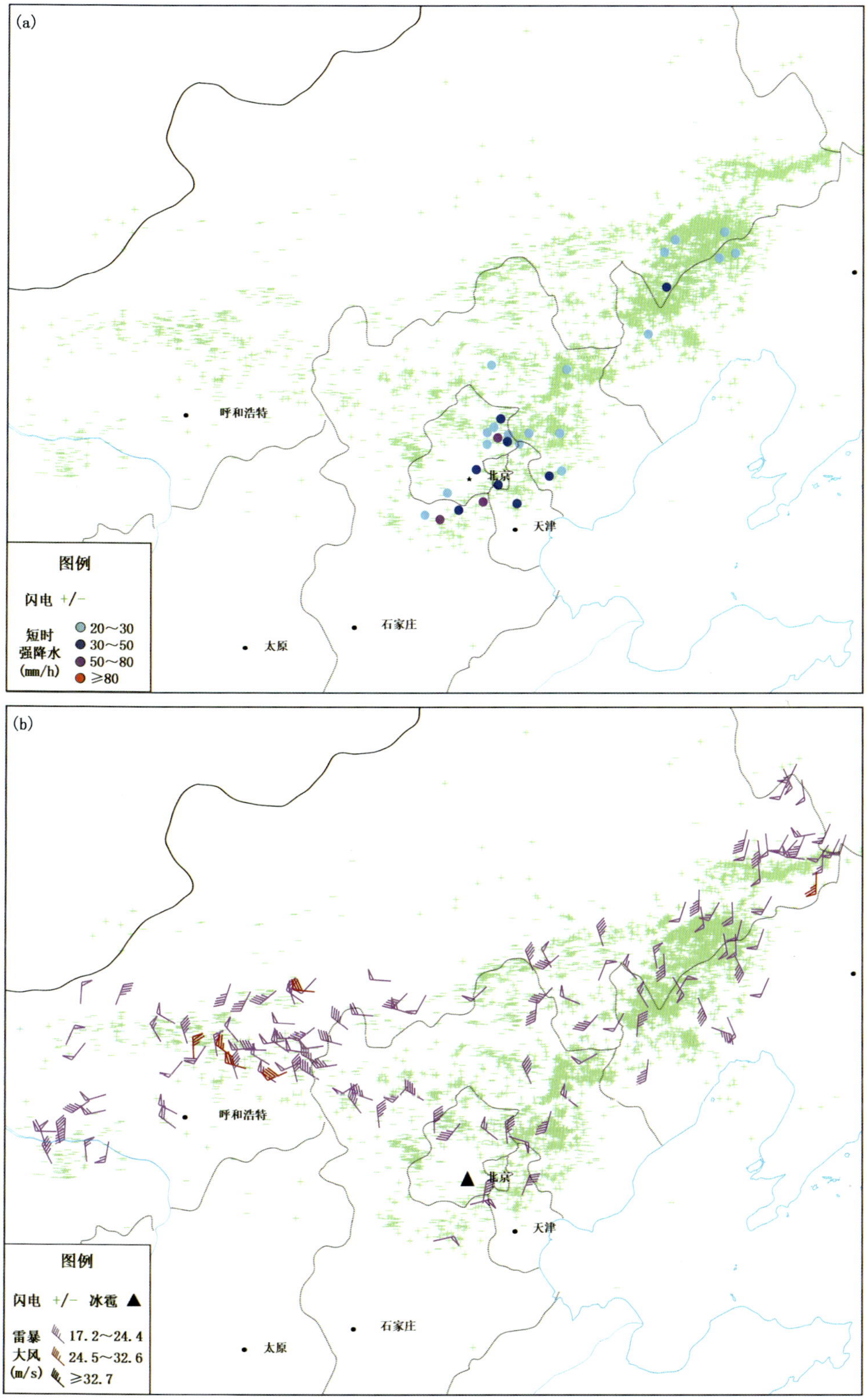

图 3.16　5 月 17 日 14 时—18 日 02 时强对流天气实况

(a)闪电和短时强降水;(b)闪电、冰雹和雷暴大风

3.5.2 环境场特征

本次强对流天气过程是在高空西风槽东移、低层东南暖湿气流的共同作用下产生的。

17 日白天，华北北部 500 hPa 受偏西气流控制，午后有短波槽东移过境，北京低层持续受偏南气流影响(图 3.17a)。以北京中部 17 日 14 时的温度-对数压力图(图 3.17b)为例：热力场上，850 hPa 与 500 hPa 温差大于 30 ℃，CAPE 达 1400 J/kg 以上，下沉对流有效位能(downdraft convective available potential energy，DCAPE)接近 1000 J/kg；水汽场上，PWAT 约 25 mm，850 hPa 以下至近地面温度露点差较大，相对湿度低于 60%，层结廓线呈现“下喇叭口”特征；动力场上，北京处于 925 hPa 东南入流顶端的风速辐合区，0～6 km 垂直风切变约 17 m/s。

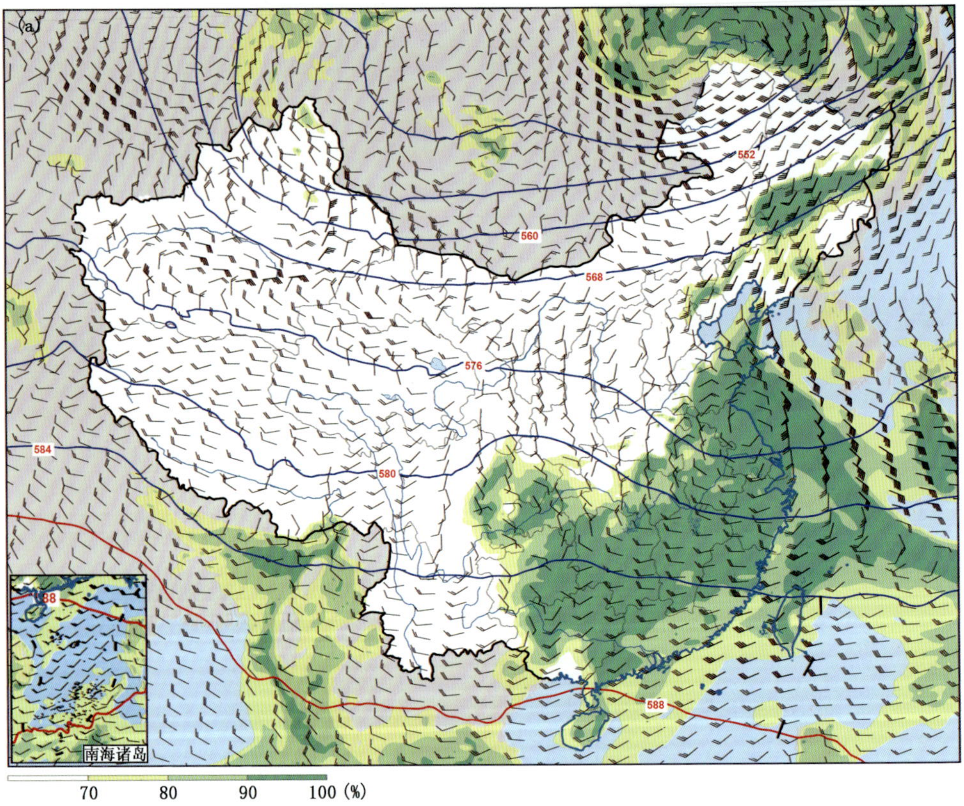

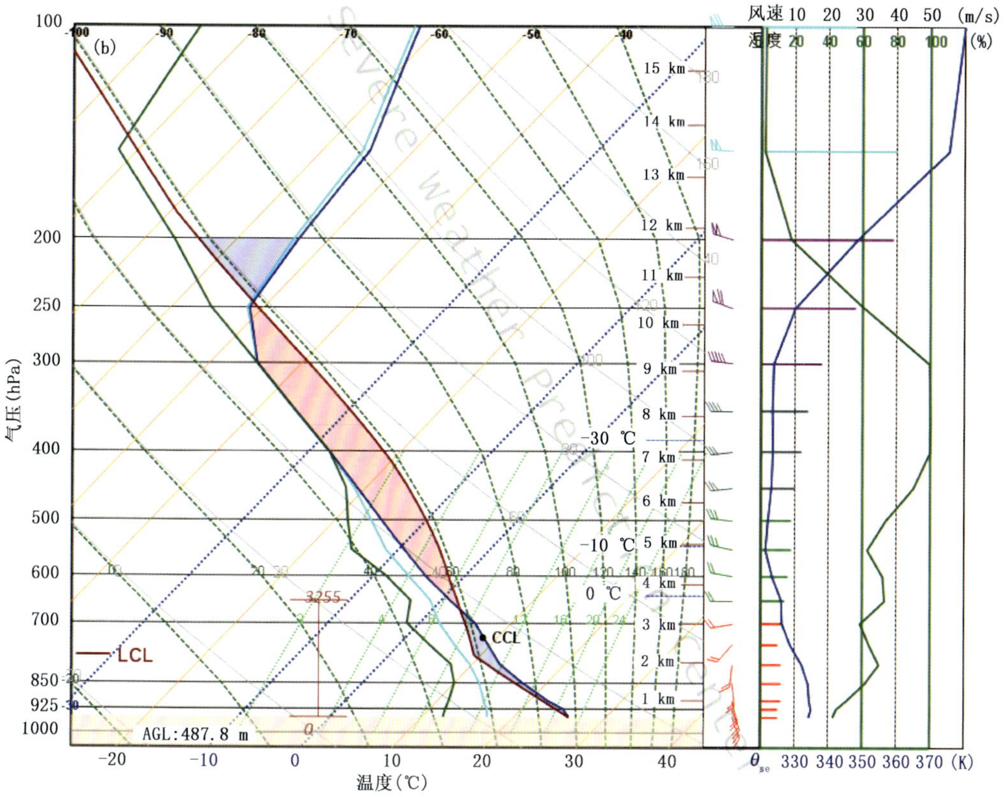

图 3.17　5 月 17 日 14 时 500 hPa 高度场、850 hPa 风场和相对湿度场(a)和
5 月 17 日 14 时北京附近(116°E,40°N)温度-对数压力图(b)

3.5.3　中尺度对流系统特征

本次过程中，北京傍晚时段出现的极端强对流天气主要由超级单体风暴造成。

5 月 17 日下午，北京东部有新生对流单体发展，并在本地快速发展增强为超级单体风暴，最强回波达 70 dBZ 以上。该超级单体风暴移动缓慢，并在北京通州驻留约 2 h(图 3.18c,d,e)。过程期间，北京通州、河北廊坊以及天津等地均出现明显强风雹天气，造成较大的社会影响。

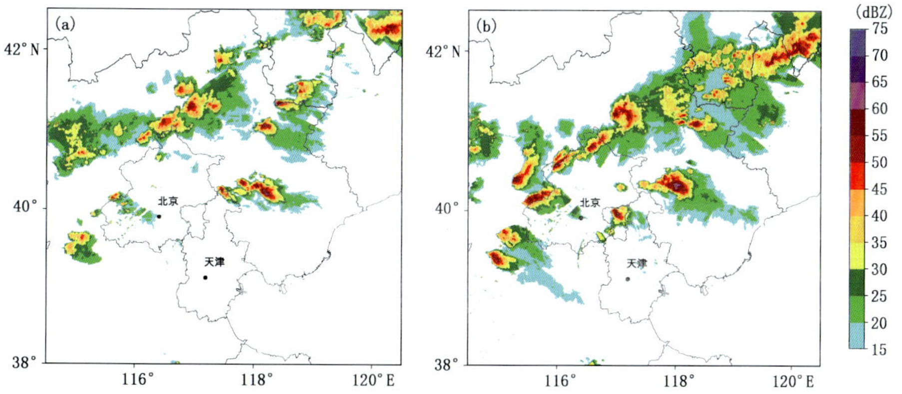

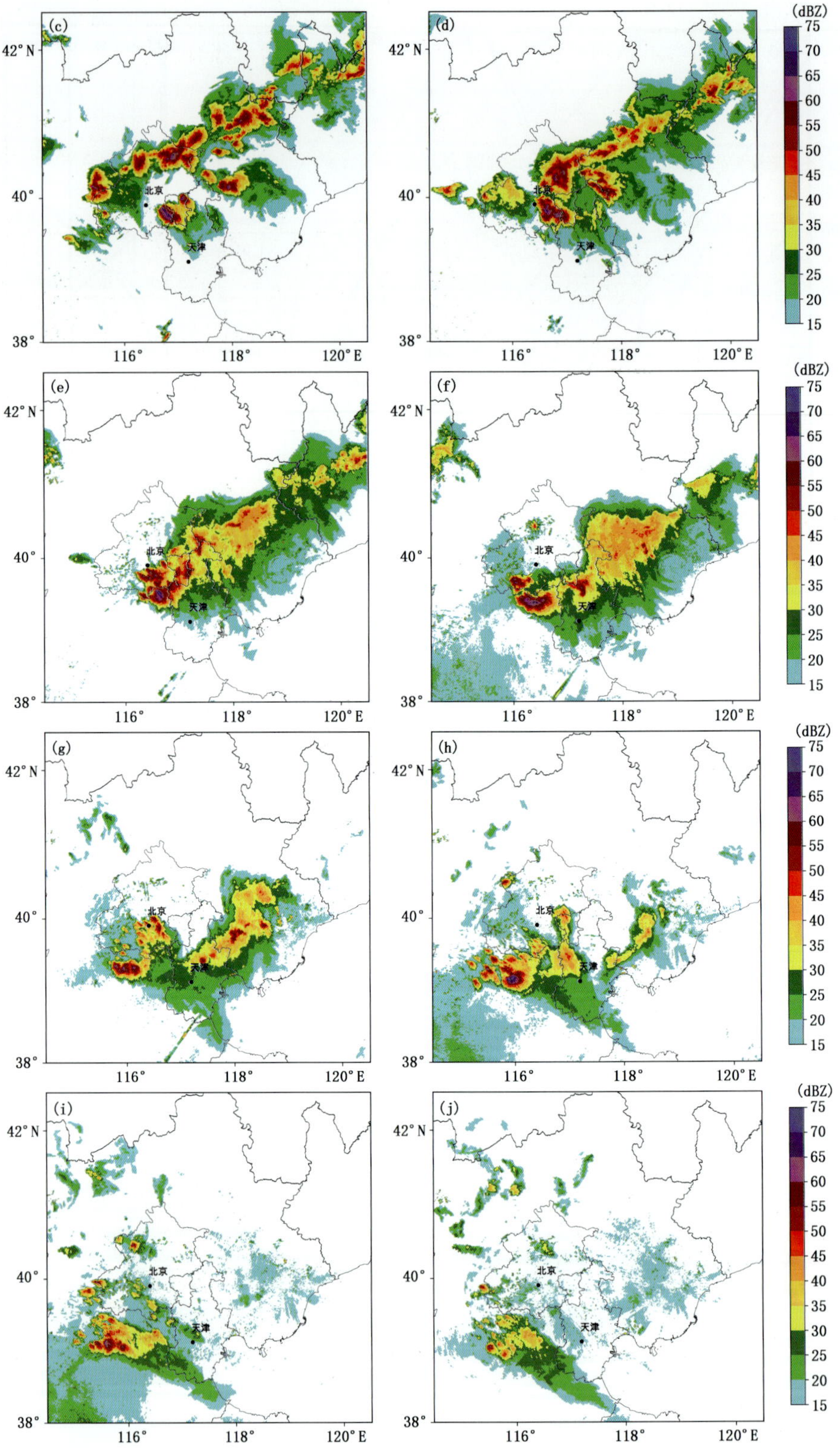

图 3.18　5 月 17—18 日中尺度对流系统雷达回波实况演变

(a)17 日 16 时;(b)17 时;(c)18 时;(d)19 时;(e)20 时;(f)21 时;(g)22 时;(h)23 时;(i)18 日 00 时;(j)01 时

由 18 时 12 分北京东南部地区雷达反射率二维剖面(图 3.19b)可见,超级单体风暴中存在清晰的回波悬垂和穹隆结构。强对流活动于 18 日 01 时后逐渐减弱消散。

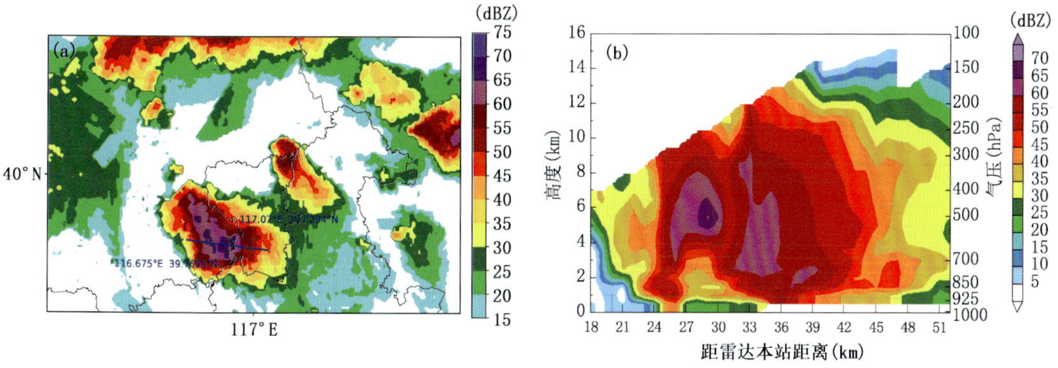

图 3.19　5 月 17 日 18 时 12 分北京通州附近雷达回波
(a)组合反射率;(b)垂直剖面

3.6　7 月 3 日辽宁开原龙卷风天气

3.6.1　实况与灾情

此次过程为 2019 年强度最强、影响最大的龙卷事件,也是辽宁第一次有完整记录的超强龙卷过程。7 月 3 日 10—22 时,东北地区中部受对流天气系统影响,部分地区出现雷暴大风(图 3.20)和分散性短时强降水,其中辽宁开原在 17 时 17—47 分出现龙卷风天气。依据实况观测资料、现场灾情调查结果,最终专家组认定此次龙卷最大强度达我国国标的超强龙卷等级,龙卷路径长度约 14 km(图 3.21)。

据应急管理部灾情统计信息,此次强龙卷导致辽宁开原 7 人死亡、190 余人受伤。

3.6.2　环境场特征

本次过程是在东北冷涡及其高空槽东移的环境背景下发生的。

7 月 3 日午后,东北冷涡中心位于黑龙江中部(图 3.22a),东北地区中南部处于 500 hPa 冷槽和 850 hPa 东伸暖脊叠加区域(图略),具备强热力不稳定层结条件,强对流系统触发于低层切变线附近。辽宁开原的超强龙卷天气发生于下午时段,以辽宁北部 3 日 14 时的温度-对数压力图(图 3.22b)为例:热力场上,850 hPa 与 500 hPa 温差达 28 ℃,CAPE 达 1000 J/kg 以上;水汽场上,PWAT 约为 28 mm,仅 700 hPa 附近相对湿度达 80%以上,层结廓线呈“X”状特征,抬升凝结高度(lifting condensation level,LCL)约 2 km;动力场上,0～3 km 和 0～6 km 垂直风切变分别为 6 m/s 和 15 m/s。

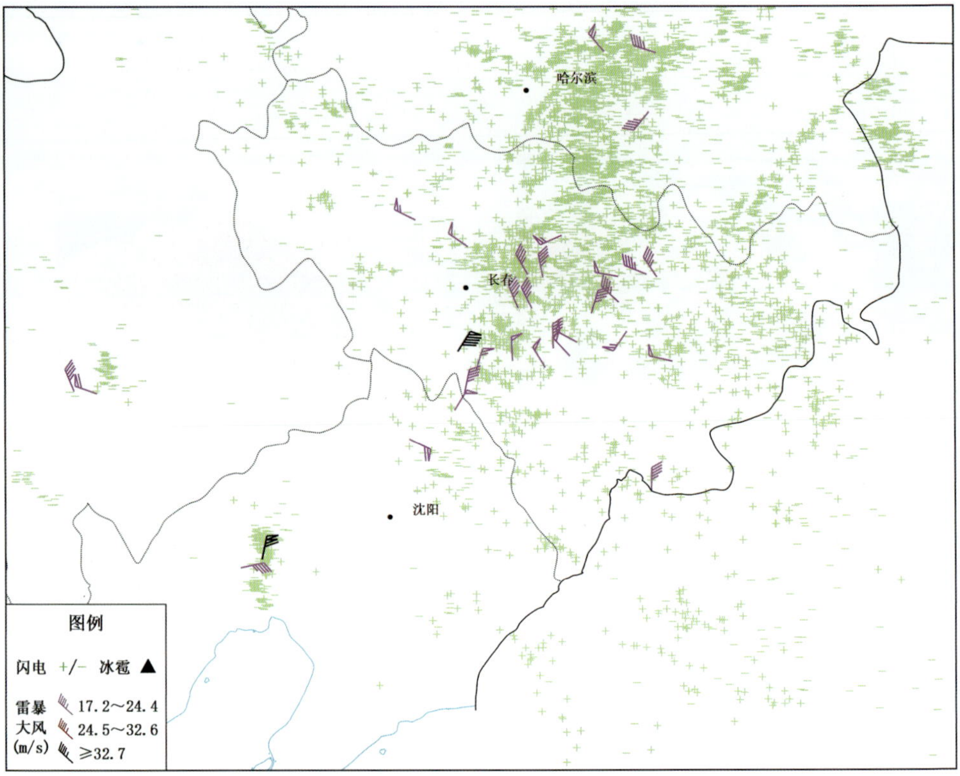

图 3.20 7 月 3 日 08—23 时闪电、冰雹和雷暴大风实况

图 3.21 辽宁开原龙卷路径

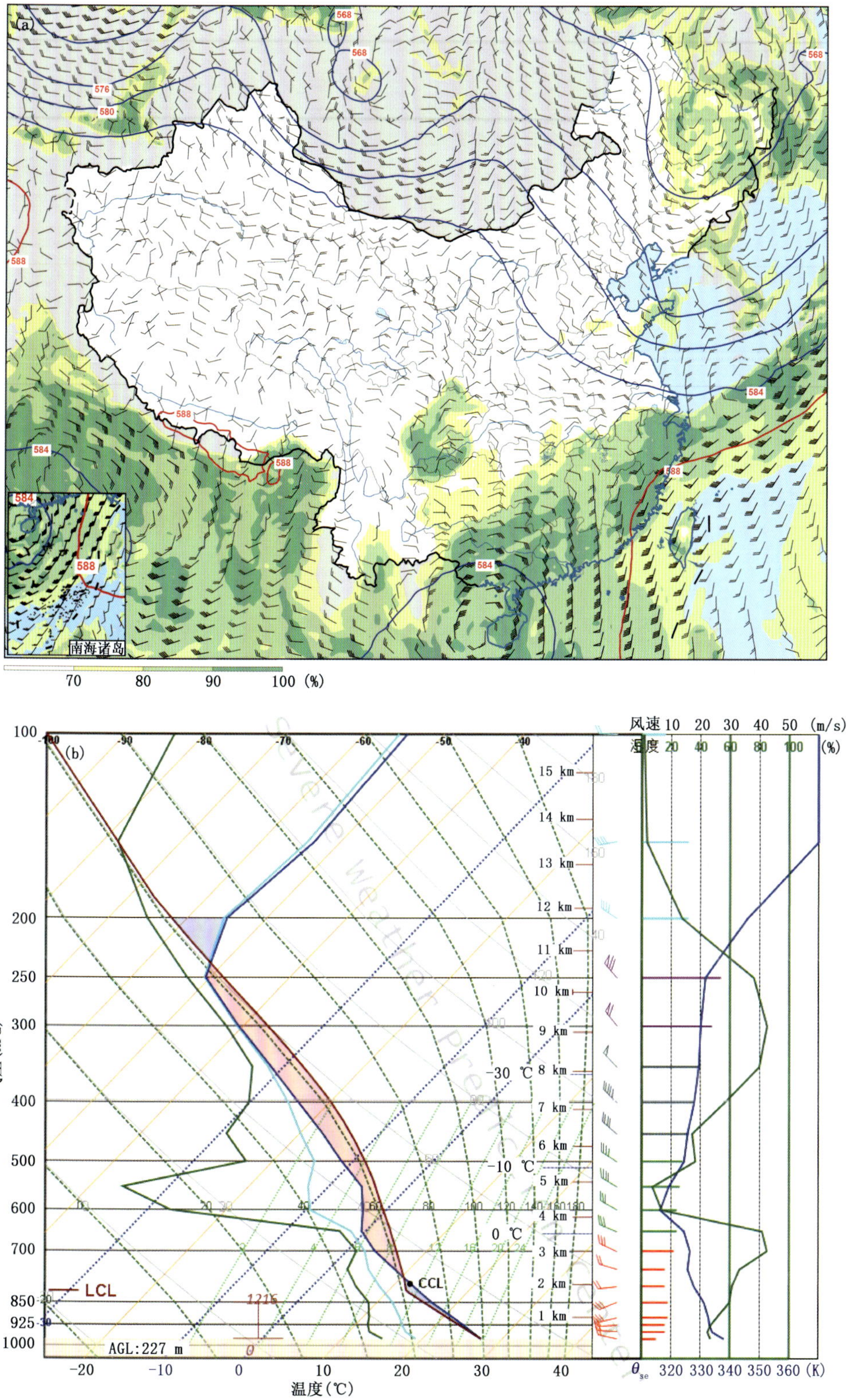

图 3.22　7 月 3 日 14 时 500 hPa 高度场、850 hPa 风场和相对湿度场(a)和
7 月 3 日 14 时辽宁北部(124°E,42°N)温度-对数压力图(b)

3.6.3 中尺度对流系统特征

本次过程中，午后影响吉林和辽宁北部的对流系统形态主要为线状对流系统。其中，辽宁开原地区的超强龙卷是由午后线状对流系统尾部孤立的超级单体风暴所造成的。

7月3日上午，在黑龙江西南部、吉林西北部有对流活动发展并向偏东方向移动。至14时，位于吉林中部的线状对流系统发展增强，逐渐分裂为南北两条对流带。17—18时，位于吉林、辽宁两省交界地区的线状对流系统呈东西向分布（图3.23），对流带最西端尾部的超级单体风暴影响辽宁开原，其最大回波反射率因子强度达到70 dBZ，并呈现出明显的钩状回波以及穹窿结构特征（图3.24）。对流活动在20时后逐渐减弱消散。

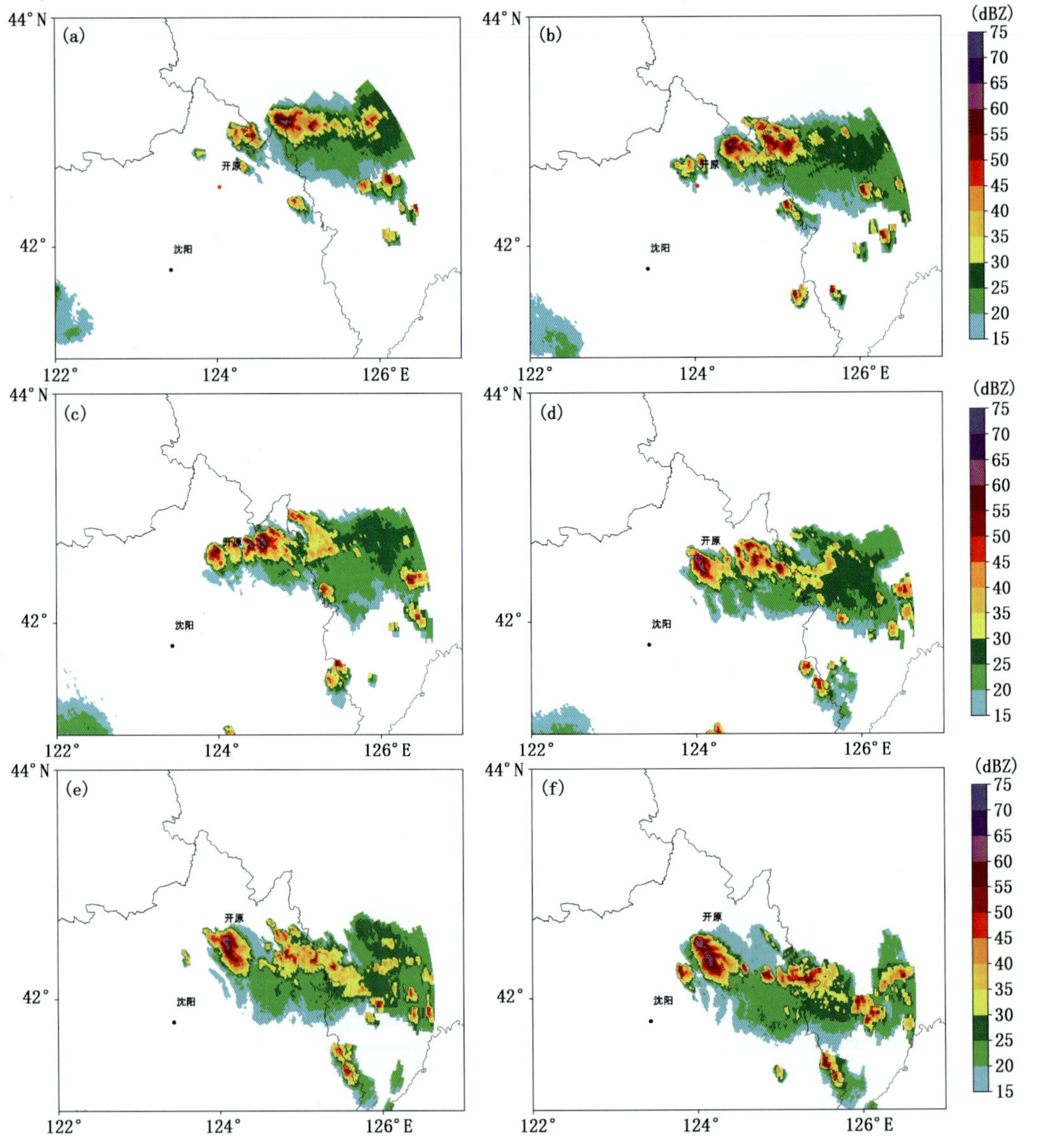

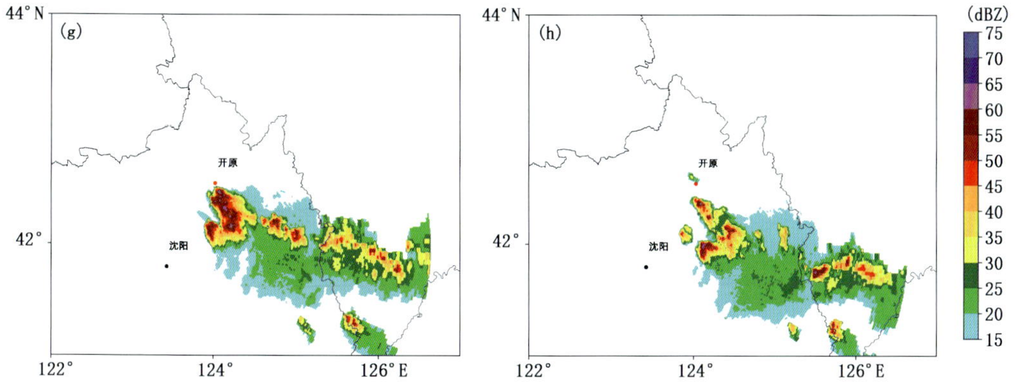

图 3.23 7 月 3 日中尺度对流系统雷达回波实况演变

(a)16 时;(b)16 时 30 分;(c)17 时;(d)17 时 30 分;(e)18 时;(f)18 时 30 分;(g)19 时;(h)19 时 30 分

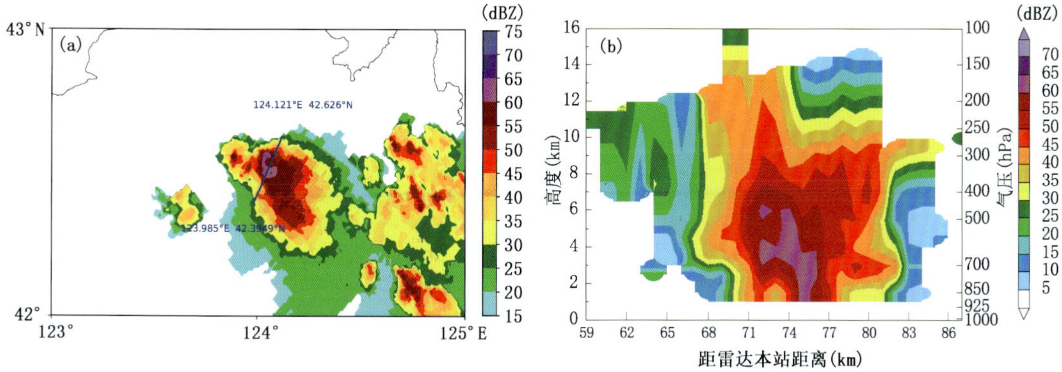

图 3.24 7 月 3 日 17 时 44 分辽宁开原雷达回波

(a)组合反射率;(b)垂直剖面

3.6.4 龙卷风定强报告

针对 2019 年 7 月 3 日 17—18 时在辽宁开原发生的龙卷风天气,7 月 4—5 日,国家气象中心联合中国气象科学研究院、辽宁省气象局、南京大学、北京大学、佛山市龙卷风研究中心等单位进行了现场调查。7 月 26 日上午,国家气象中心组织专家在北京召开了“辽宁开原龙卷风定强专家论证会”,会议听取灾调小组的初步调查分析报告,经过质询与讨论,专家组一致同意辽宁开原龙卷最终强度定级为 4 级(相当于美国 EF4 级,最强风速大于 74 m/s),专家论证意见如图 3.25 所示。

辽宁开原龙卷风灾害强度专家论证意见

2019 年 7 月 26 日上午，国家气象中心组织专家（名单附后）在北京对 2019 年 7 月 3 日辽宁开原龙卷大风灾害进行咨询论证。国家气象中心联合中国气象科学研究院、辽宁省气象局、南京大学、北京大学、佛山市龙卷风研究中心等单位做了现场调查报告和技术分析报告，经质询与讨论，专家组达成以下意见：

1．开原大风灾害已被大量的目击、视频和气象站观测证实为龙卷风造成，并根据这些资料获得了龙卷的行经路径。

2．现场调查组在灾区现场调查发现在几乎全部龙卷行经路径上都存在以下损毁情况：钢结构仓库和厂房被夷为平地，其坚固框架完全倒塌，且钢架及基座存在扭曲和断裂；部分农村砖混结构房屋被完全摧毁；硬木大树普遍被折断、枝叶剥光，部分大树树皮完全剥落、树干扭曲；大量电线杆折断；小汽车被抛入空中；重型车被掀翻，其中部分车辆明显翻滚。以上特征均达到三级（相当于 EF3）以上龙卷的致灾强度。

3．现场调查组在开原工业园南区发现斯麦特电梯有限公司（原天翔钢厂）的食堂被夷为平地，该食堂为钢筋混凝土框架结构两层建筑。食堂框架结构的柱体从地基根部断裂，其中最粗的水泥柱体直径达 40 cm，水泥柱体中的钢筋直径达 25 mm。上述特征达到四级（相当于 EF4 级）龙卷的致灾强度。

专家组一致同意此次辽宁开原龙卷在部分路径上最强达到四级（相当于 EF4，最强风速大于 74 m/s）。

专家组组长：俞小鼎

2019 年 7 月 26 日

图 3.25　7 月 3 日辽宁开原龙卷风灾害强度专家论证意见扫描件

3.7　7 月 4—6 日华北、黄淮、江淮雷暴大风和短时强降水天气

3.7.1　实况与灾情

此次过程是 2019 年夏季发生在华北、黄淮和江淮等地的一次大范围混合型强对流天气过程(图 3.26)。此次强对流天气过程可分为两个主要时段:7 月 5 日午后至夜间,强对流天气主要发生在华北,以雷暴大风为主,局地伴随冰雹;7 月 6 日中午至夜间,强对流天气主要发生在黄淮和江淮,以短时强降水和雷暴大风为主。此次过程覆盖范围广、对流强度强,其中,山东、河北等地局地出现 12 级雷暴大风,江苏东北部局地最大小时雨量达到 104.8 mm。

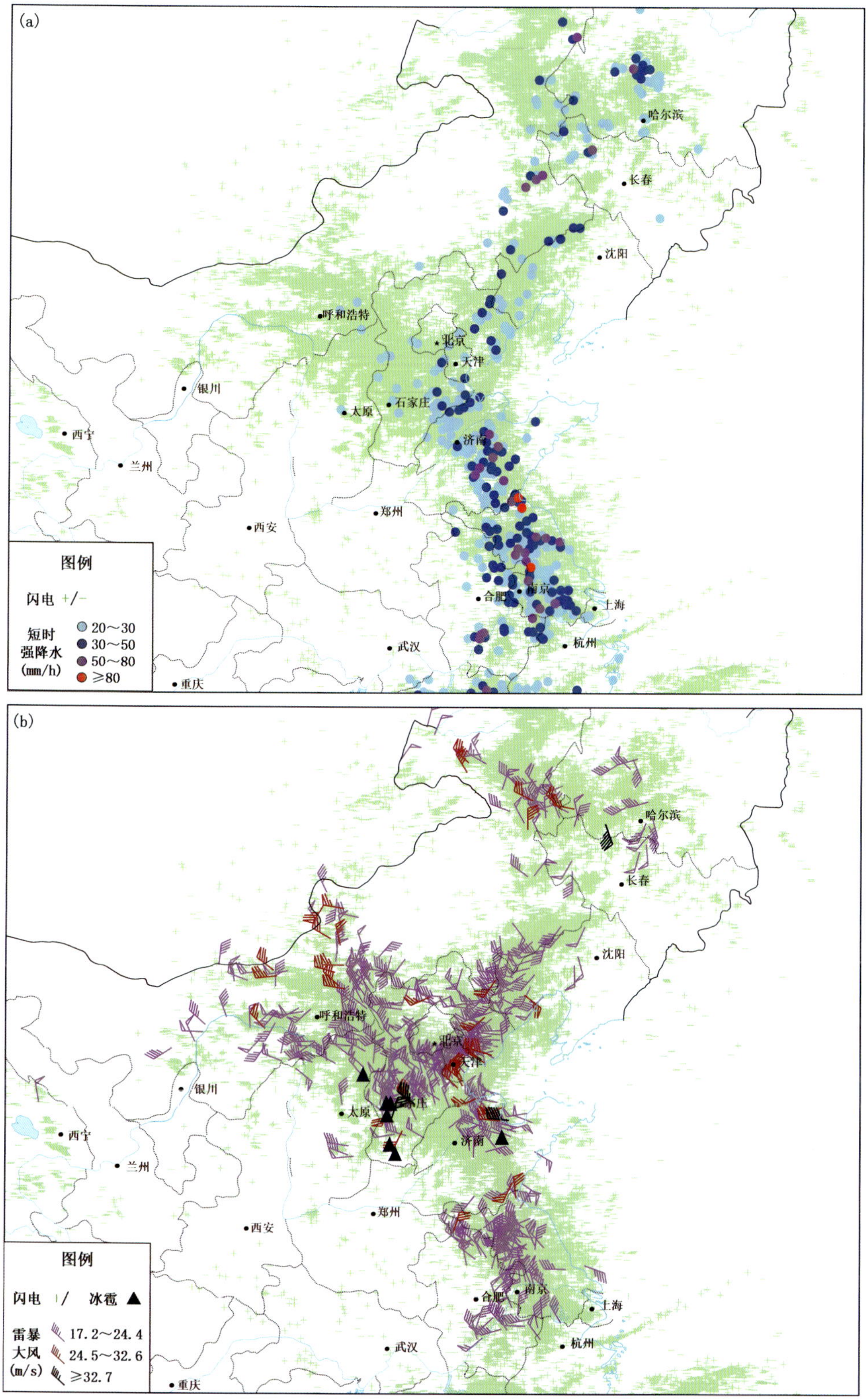

图 3.26　7 月 4 日 14 时—7 日 08 时强对流天气实况
(a)闪电和短时强降水；(b)闪电、冰雹和雷暴大风

3.7.2 环境场特征

本次过程是在高空冷涡及其高空槽东移、地面锋面系统南压的环境背景下发生的。

华北强对流天气的主要影响时段为7月5日午后至夜间。5日14时，500 hPa高空槽和低层切变线位于华北中北部地区（图3.27a）。以河北中部5日14时的温度-对数压力图（图3.27b）为例：热力场上，850 hPa和500 hPa温差接近30 ℃，CAPE接近1000 J/kg；水汽场上，PWAT达36 mm，600 hPa至700 hPa存在浅薄湿层，相对湿度达80%以上，但500 hPa和850 hPa相对湿度均较小，层结廓线呈现“X”状特征；动力场上，0～6 km垂直风切变达30 m/s以上。

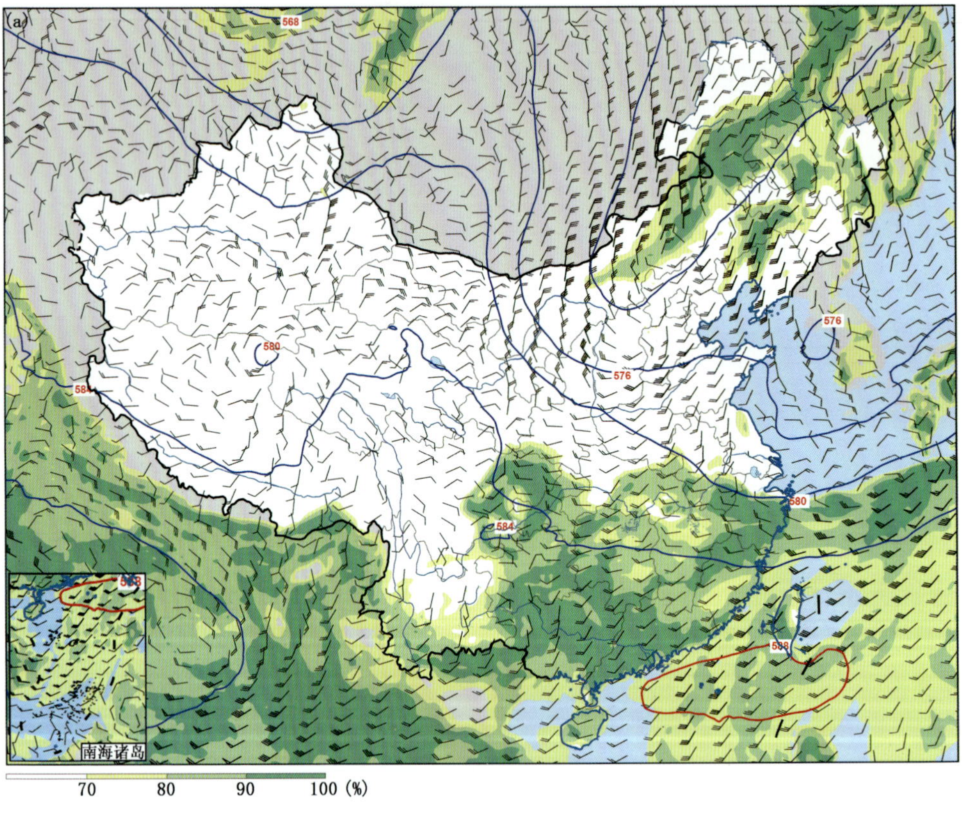

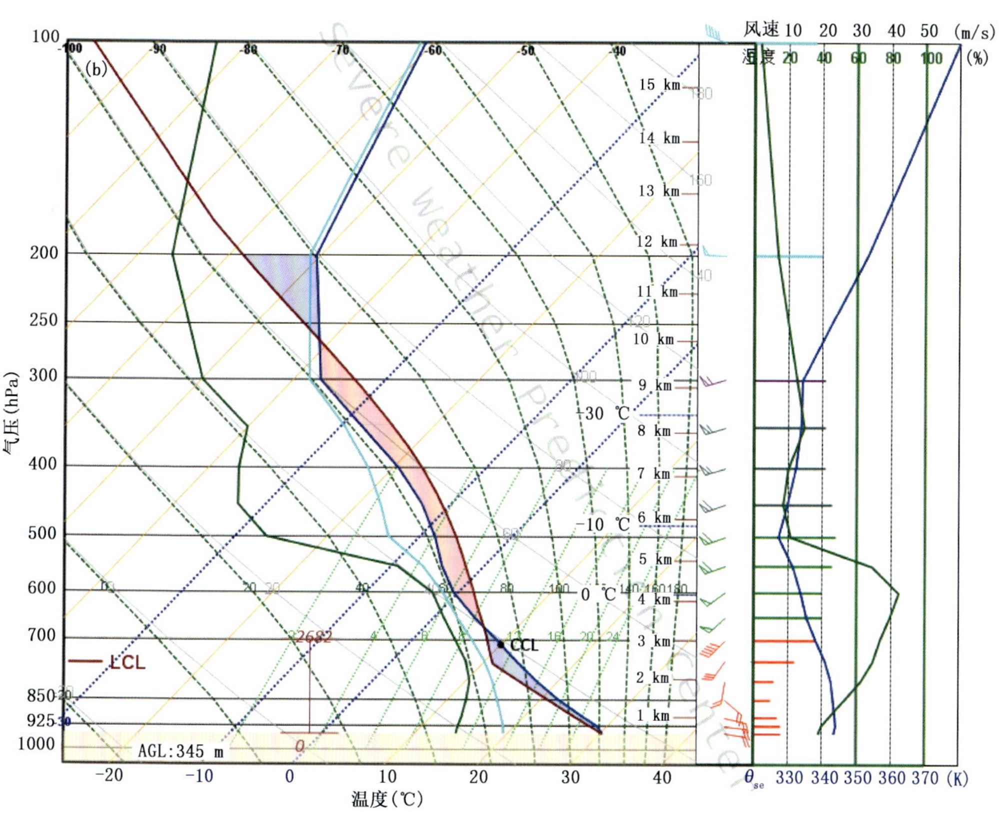

图 3.27　7 月 5 日 14 时 500 hPa 高度场、850 hPa 风场和相对湿度场(a)和
7 月 5 日 14 时河北中部(115°E,39°N)温度-对数压力图(b)

黄淮和江淮强对流天气的主要影响时段为 6 日中午至夜间。6 日 14 时,500 hPa 高空槽东移至黄淮中部(图 3.28a),低层切变线和地面锋面已南压至山东南部地区。以江苏中部 6 日 14时的温度-对数压力图(图 3.28b)为例:热力场上,500 hPa 与 850 hPa 温差达 25 ℃以上,CAPE 达 1400 J/kg;水汽场上,850 hPa 附近存在浅薄湿层,而 500 hPa 附近和近地面层相对湿度均较小,其中 500 hPa 相对湿度低于 20%,中层存在明显的干区,层结廓线呈现“X”状特征;动力场上,0~6 km 垂直风切变达 20 m/s 以上。

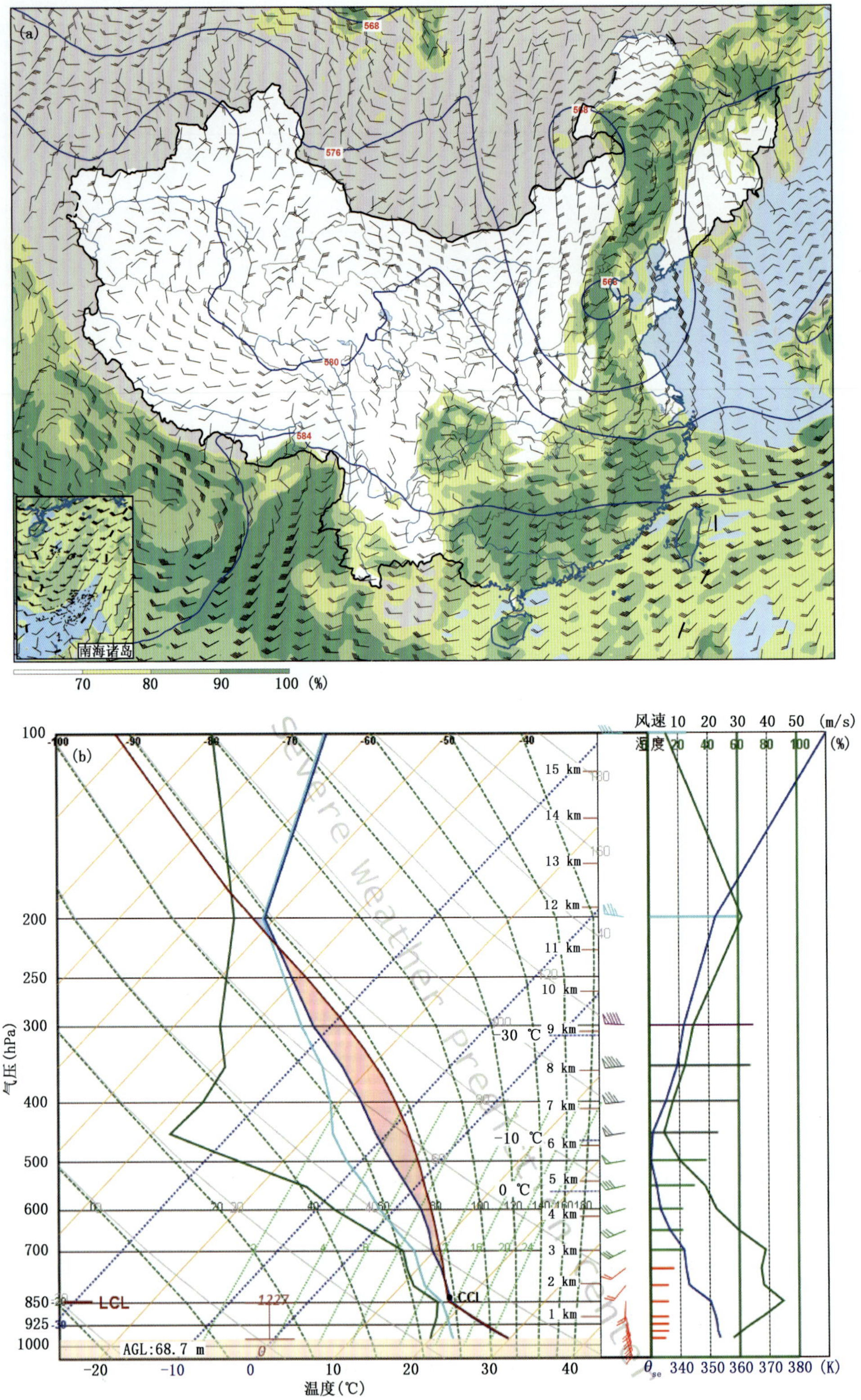

图 3.28　7 月 6 日 14 时 500 hPa 高度场、850 hPa 风场和相对湿度场(a)和
7 月 6 日 14 时江苏中部(119°E,32°N)温度-对数压力图(b)

3.7.3　中尺度对流系统特征

本次过程中，7 月 5 日午后至夜间影响华北等地的中尺度对流系统形态为多单体风暴组成的线状对流系统；7 月 6 日上午至夜间影响黄淮、江淮等地的中尺度对流系统形态以飑线为主。

7 月 5 日中午，山西与河北西北部低层风场辐合区附近有对流触发并快速发展，系统形态呈东北—西南向线状回波（图 3.29a，b）。下午时段，线状对流系统东移影响河北、北京、天津等地，部分对流单体发展旺盛，最大回波反射率因子达 60 dBZ 以上（图 3.29e，f），并造成大范围雷暴大风和冰雹天气，其中河北南部出现 12 级雷暴大风和直径达 18 mm 的冰雹。对流活动在 5 日 22 时后逐渐减弱消散。

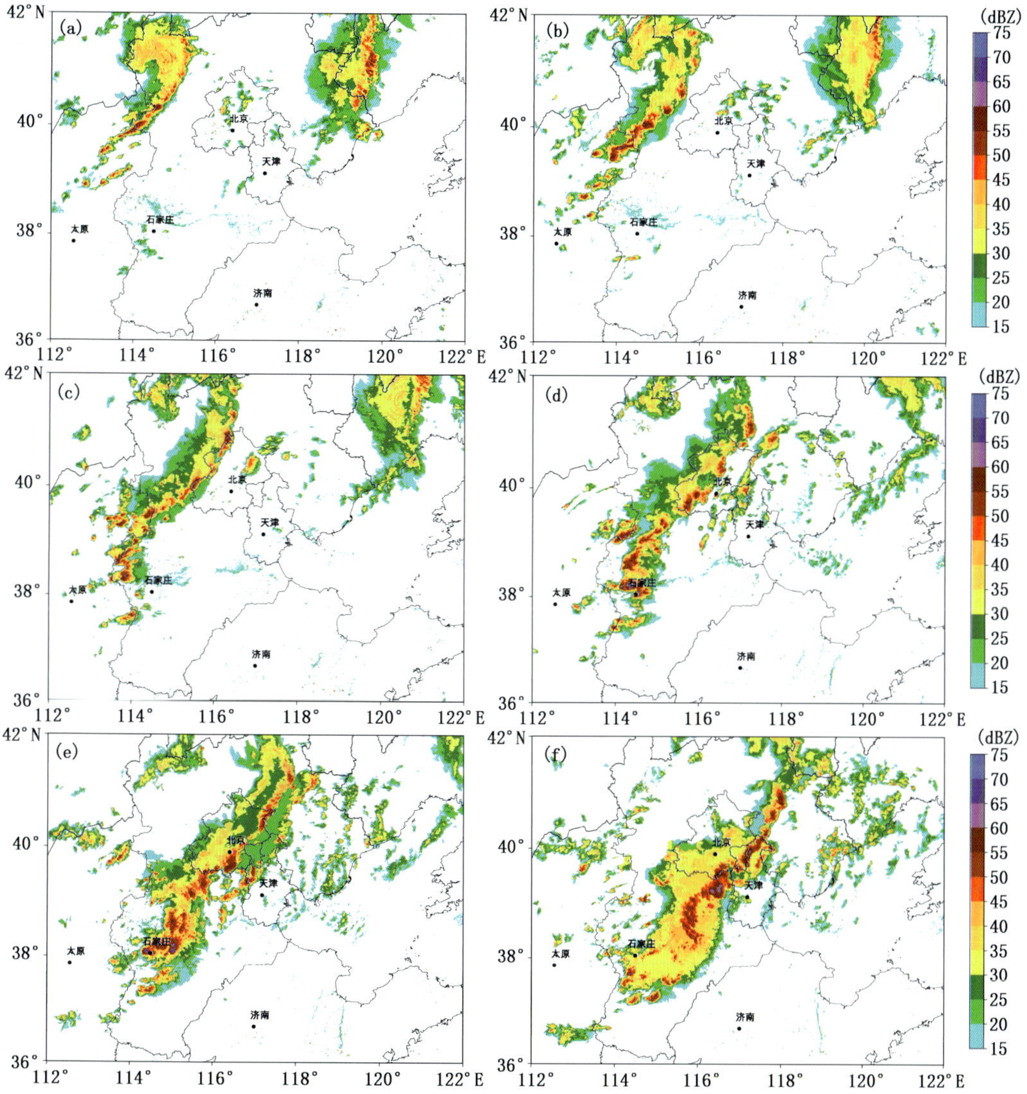

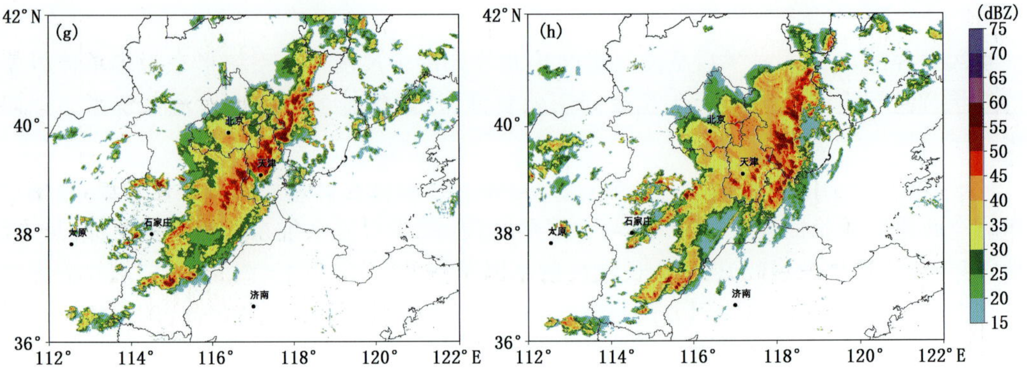

图 3.29　7 月 5 日中尺度对流系统雷达回波实况演变

(a)13 时；(b)14 时；(c)15 时；(d)16 时；(e)17 时；(f)18 时；(g)19 时；(h)20 时

7 月 6 日上午，山东境内有分散性对流系统发展，潍坊出现 12 级雷暴大风(图 3.30a,b)。至下午时段，江苏、安徽北部对流活动触发后快速发展增强，并组织化形成东—西向飑线，自北向南扫过苏皖大部地区(图 3.30d,e,f,g)。期间，强回波中心的雷达反射率因子强度达 60 dBZ 以上，江苏北部出现 10 级雷暴大风，最大小时降水量 104.8 mm。对流活动在 6 日 22 时后逐渐减弱消散。

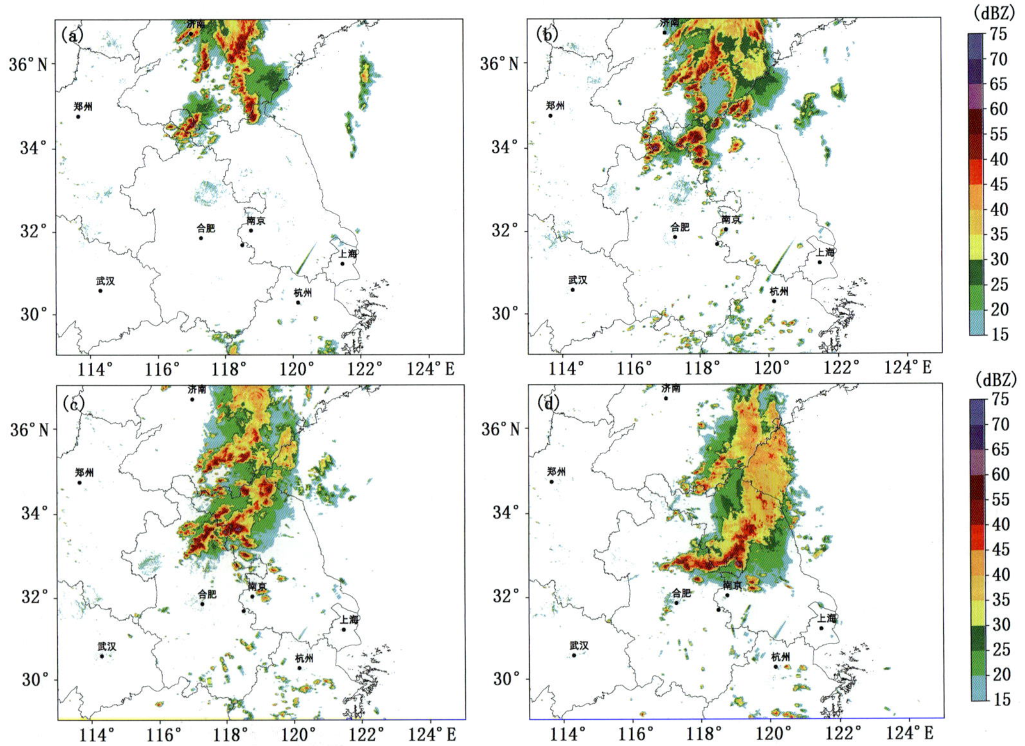

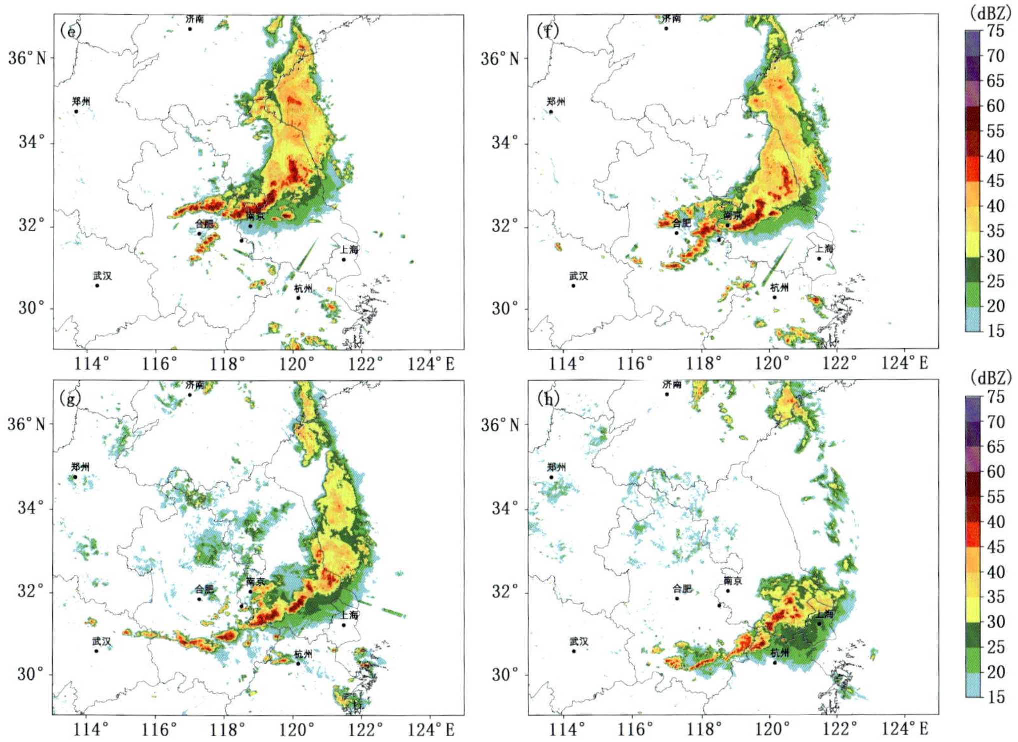

图 3.30 7 月 6 日中尺度对流系统雷达回波实况演变

(a)10 时；(b)12 时；(c)14 时；(d)16 时；(e)17 时；(f)18 时；(g)20 时；(h)22 时

3.8 7 月 28—30 日北方地区雷暴大风和短时强降水天气

3.8.1 实况与灾情

此次过程是 2019 年夏季发生在北方地区的一次大范围强对流天气过程。7 月 28 日 14 时—30 日 20 时，华北、黄淮等地出现区域性雷暴大风和短时强降水天气，局地出现冰雹（图 3.31）。此次过程雷暴大风范围广、极端性强，其中内蒙古、河北、山东等地局地出现 12 级以上雷暴大风，河北东北部局地出现 114 mm/h 的短时强降水。此次强对流天气过程主要影响时段为 7 月 29 日午后至夜间。

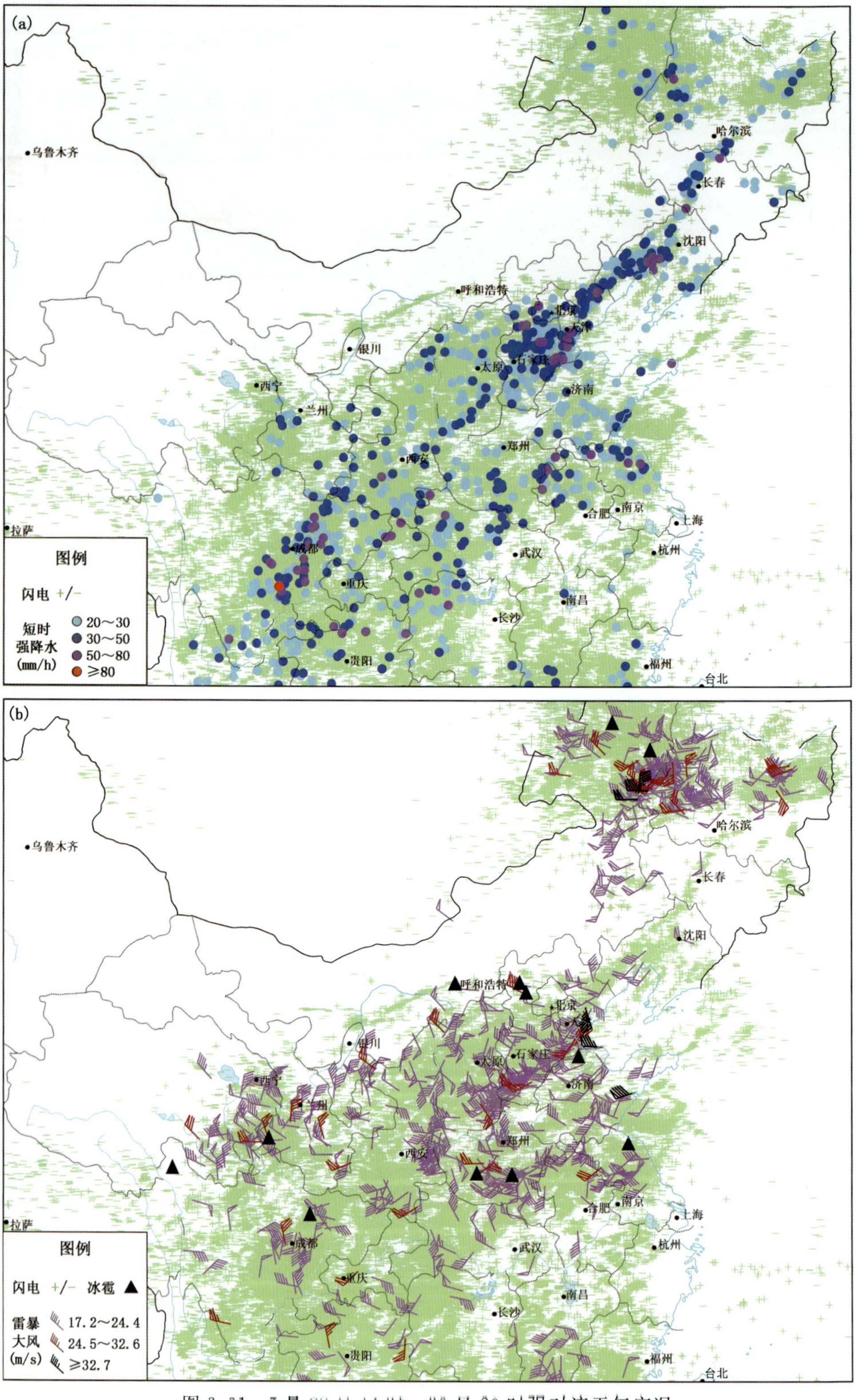

图 3.31　7 月 28 日 14 时—30 日 20 时强对流天气实况

(a)闪电和短时强降水；(b)闪电、冰雹和雷暴大风

3.8.2　环境场特征

本次强对流天气过程主要是在高空冷涡与副热带高压西北侧的低层切变线共同作用下产生的。

29 日 08 时，500 hPa 冷涡后部的干冷空气不断南下与副热带高压西北侧的暖湿气流交汇在华北中南部到黄淮地区，低层风场上切变线系统清晰（图 3.32a）。以河北中南部 29 日 08 时的温度-对数压力图（图 3.32b）为例：热力场上，CAPE 达 1500 J/kg 以上，下沉对流有效位能 DCAPE 达 1200 J/kg；水汽场上，PWAT 达 50 mm，低层 925 hPa 接近饱和，而 500 hPa 相对湿度低于 30%，存在明显的中层干区，层结廓线呈现“上喇叭口”特征；动力场上，华北中南部存在持续性低层风场辐合，0～6 km 垂直风切变达 16 m/s。

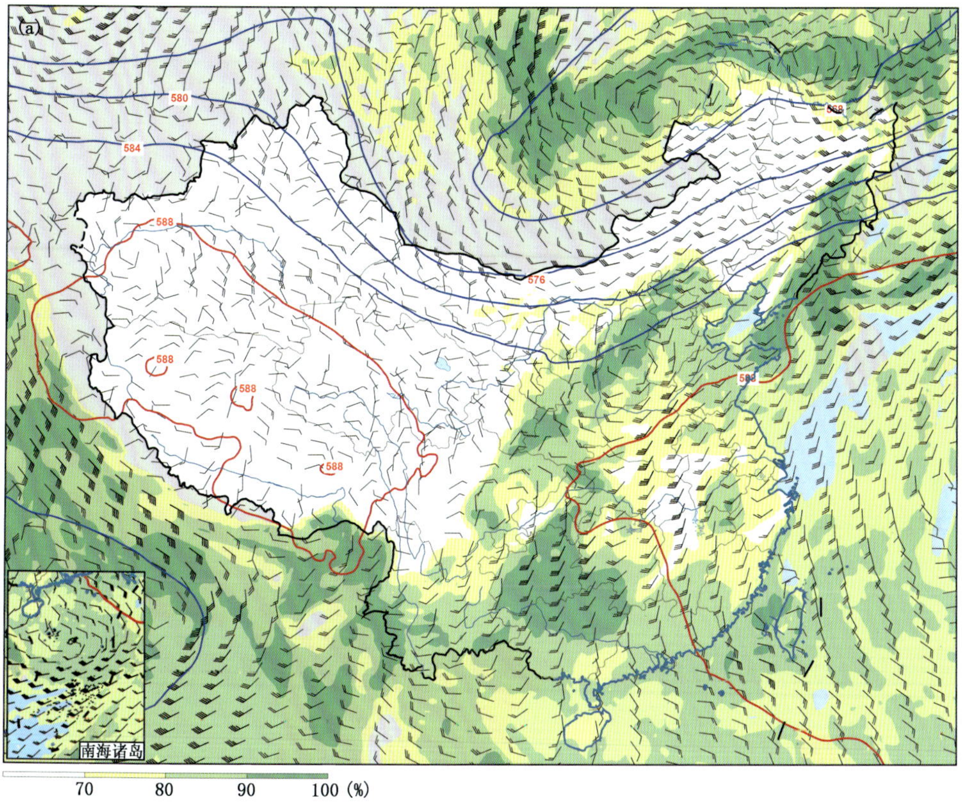

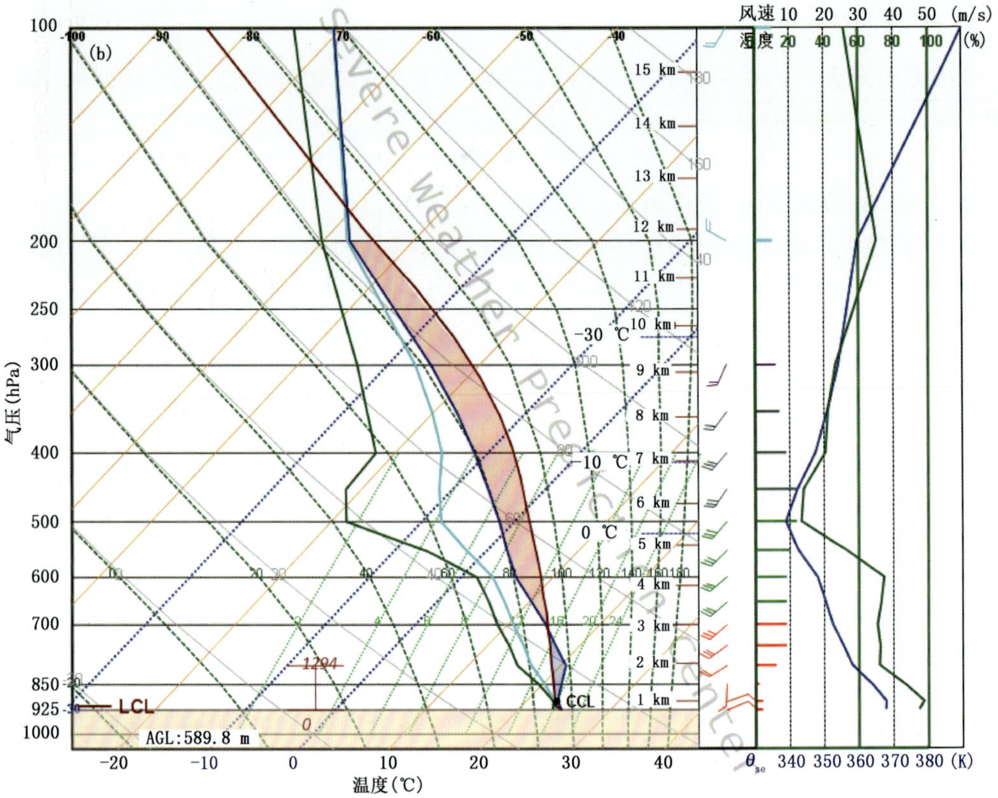

图 3.32　7 月 29 日 08 时 500 hPa 高度场、850 hPa 风场和相对湿度场(a)和
7 月 29 日 08 时河北南部(114°E,37°N)温度-对数压力图(b)

3.8.3　中尺度对流系统特征

本次过程中，中尺度对流系统于 7 月 29 日午后至夜间影响河北、山东等地，其形态以飑线为主。

7 月 29 日上午，山西、河北、山东等地有分散性多单体对流系统活动(图 3.33a,b)。午后时段，山东等地对流系统逐渐减弱消散，但山西东部、河北南部等地对流活动逐渐增强，之后组织化发展为南北向飑线，东移影响河北中南部和山东北部等地(图 3.33c,d,e)。期间，强回波中心雷达反射率因子达 60 dBZ 以上，河北南部、天津东部沿海、山东北部沿海等地出现 10～12 级雷暴大风，局地出现冰雹。傍晚至夜间，飑线系统逐渐分裂为南北两段，其中北段维持飑线形态并快速东移入渤海，之后强度明显减弱，飑线南端的对流活动由初始的松散结构逐渐组织化发展为东北—西南向飑线，并影响山东西部。对流活动在 29 日 24 时后逐渐减弱消散。

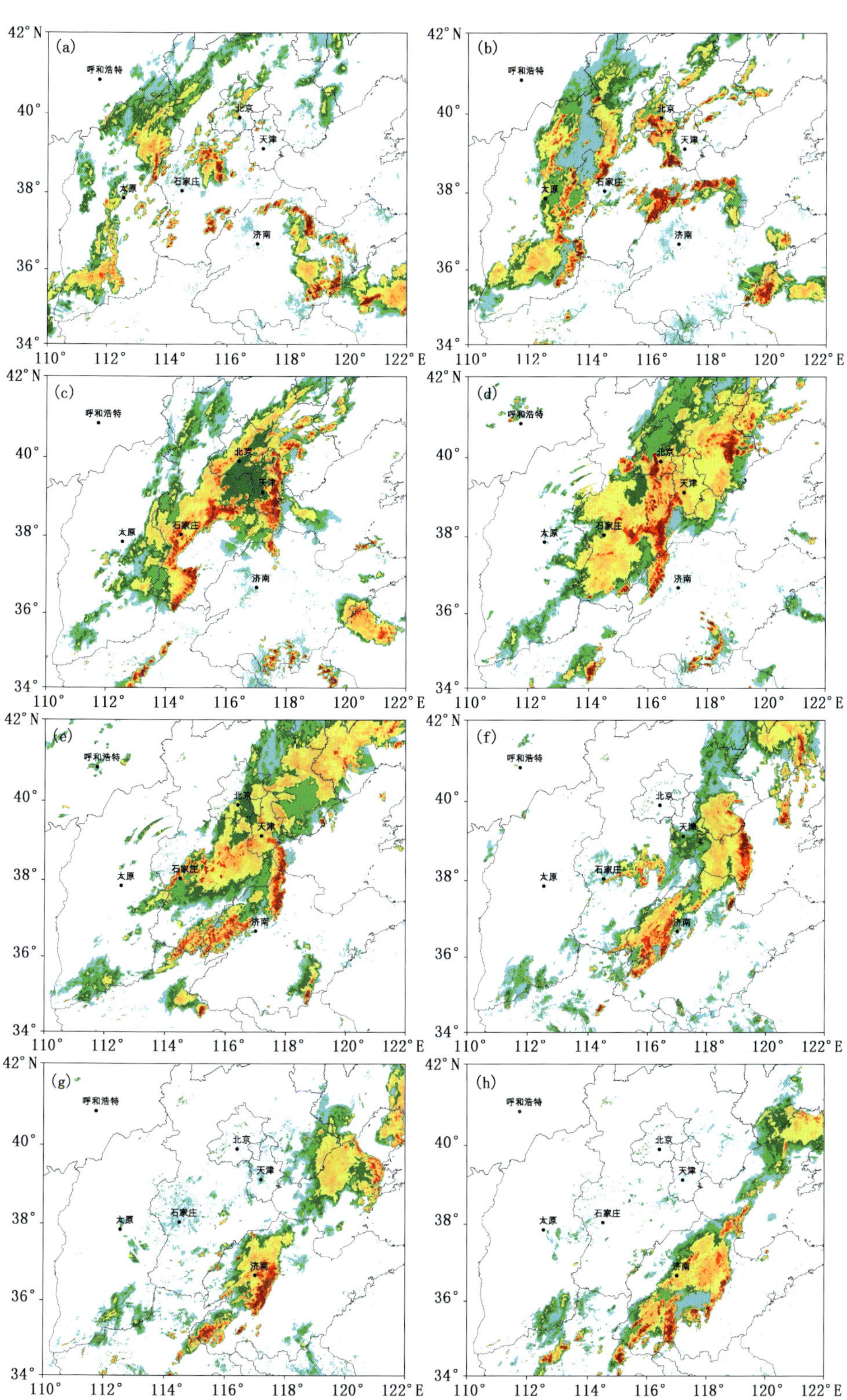

图 3.33　7 月 29 日中尺度对流系统雷达回波实况演变

(a)10 时;(b)12 时;(c)14 时;(d)16 时;(e)18 时;(f)20 时;(g)22 时;(h)24 时

附录A 2019年主要强对流天气过程索引

对2019年34次主要强对流天气过程根据过程影响时段、主要天气类型和主要影响省（区、市）分别给出索引。

A1 影响时段索引

序号	过程时段		主要影响省（区、市）	强对流类型	页码	备注
1	2月	17—18日	海南、云南	雷暴大风和冰雹为主，伴短时强降水	17—19	
2	3月	19—22日	浙江、安徽、江西、湖南	雷暴大风和冰雹为主，伴短时强降水	20—21	重大强对流天气事件1
3		28—29日	福建	雷暴大风和短时强降水为主，伴冰雹	22—23	
4		30日—4月1日	广西、海南、云南	雷暴大风和短时强降水为主，伴冰雹	24—25	
5	4月	8—10日	上海、江苏、浙江、安徽、江西、湖北、重庆	雷暴大风和冰雹为主，伴短时强降水	26—27	重大强对流天气事件2
6		10—12日	广东	雷暴大风和短时强降水为主，伴冰雹	28—29	重大强对流天气事件3
7		13日	广东	龙卷和短时强降水	30—31	
8		13—14日	山西	雷暴大风为主，伴冰雹	32—33	
9		18—19日	广东	短时强降水为主，伴雷暴大风和冰雹	34—35	
10		21—22日	广东、贵州	雷暴大风和短时强降水为主，伴冰雹	36—37	
11		24—25日	河北、山西	雷暴大风和冰雹为主，伴短时强降水	38—39	重大强对流天气事件4
12		24—25日	湖南	雷暴大风和短时强降水为主，伴冰雹	40—41	
13		25—27日	广东、广西、贵州	雷暴大风和短时强降水为主，伴冰雹	42—43	
14		29—30日	广东	雷暴大风和短时强降水为主，伴冰雹	44—45	

续表

序号	过程时段		主要影响省（区、市）	强对流类型	页码	备注
15	5月	12日	内蒙古、山东	雷暴大风	46—47	
16		15—17日	北京、内蒙古、吉林、黑龙江	雷暴大风为主，伴短时强降水和冰雹	48—49	重大强对流天气事件5
17		15—17日	福建、江西	短时强降水为主，伴雷暴大风和冰雹	50—51	
18		25—28日	内蒙古、辽宁	雷暴大风为主，伴短时强降水和冰雹	52—53	
19		25—28日	安徽、福建、江西、湖北、湖南、广东、广西、海南、贵州	短时强降水为主，伴雷暴大风和冰雹	54—55	
20	6月	3—4日	河南	雷暴大风为主，伴冰雹和短时强降水	56—57	
21		4—7日	江苏、安徽、江西、河南、湖北、重庆、四川、贵州	雷暴大风和短时强降水为主，伴冰雹	58—59	
22		8—11日	福建、江西、湖南、广东、广西、贵州	雷暴大风和短时强降水为主，伴冰雹	60—61	
23		15—18日	内蒙古	雷暴大风为主，伴短时强降水和冰雹	62—63	
24		20—23日	浙江、安徽、江西、湖北、湖南、广西、重庆、贵州、福建	短时强降水为主，伴雷暴大风和冰雹	64—65	
25	7月	2—3日	河北、吉林	龙卷、雷暴大风为主，伴短时强降水	66—67	重大强对流天气事件6
26		4—7日	天津、河北、内蒙古、辽宁、江苏、安徽、山东	雷暴大风和短时强降水为主，伴冰雹	68—69	重大强对流天气事件7
27		18—19日	重庆、贵州	短时强降水为主，伴雷暴大风	70—71	
28		22—23日	天津、河北、湖北、重庆	短时强降水为主，伴雷暴大风	72—73	
29		24—25日	河北、内蒙古、吉林	雷暴大风为主，伴短时强降水和冰雹	74—75	

续表

序号	过程时段		主要影响省（区、市）	强对流类型	页码	备注
30	7月	28—30日	北京、天津、河北、山西、内蒙古、辽宁、黑龙江、山东、河南、四川、陕西、甘肃、青海	雷暴大风和短时强降水为主，伴冰雹	76—77	重大强对流天气事件8
31		31日—8月2日	天津、河北、辽宁、江苏、安徽、山东、河南	雷暴大风和短时强降水为主，伴冰雹	78—79	
32	8月	8—9日	内蒙古、宁夏	雷暴大风和短时强降水，伴冰雹	80—81	
33		15—17日	北京、河北	雷暴大风为主，伴短时强降水和冰雹	82—83	
34		28—29日	广西、海南	龙卷、短时强降水、雷暴大风	84—85	

A2　天气类型索引

天气类型	序号	过程时间	影响区域	主要天气影响系统	页码
雷暴大风和冰雹为主型	1	2月17—18日	西南地区、华南	南支槽；低空急流①	17—19
	2	3月19—22日	西南地区、江汉、江淮、江南	西风槽、高空急流；切变线、低空急流；冷锋	20—21
	5	4月8—10日	西南地区、黄淮、江汉、江淮、江南	西风槽；西南涡、低空急流；江淮气旋	26—27
	8	4月13—14日	华北	西风槽；切变线；地面冷锋	32—33
	11	4月24—25日	华北、黄淮	西风槽、高空急流；切变线；冷锋	38—39
	15	5月12日	华北、黄淮	冷涡；切变线；地面冷锋	46—47
	16	5月15—17日	华北、东北地区	冷涡；切变线；地面冷锋	48—49
	18	5月25—28日	华北、东北地区	横槽、高空急流；切变线；地面冷锋	52—53
	20	6月3—4日	黄淮	西风槽；低空急流、切变线	56—57
	23	6月15—18日	华北	冷涡；切变线	62—63
	29	7月24—25日	华北、东北地区	冷涡、西风槽、高空急流；切变线	74—75
	33	8月15—17日	华北、东北地区	横槽、高空急流；切变线；地面冷锋	82—83

① 中高层、低层和地面天气系统使用分号进行分隔。

续表

省(区、市)	序号	过程时段	强对流天气(站次)				页码
			短时强降水	雷暴大风	冰雹	龙卷风	
海南	19	5 月 25—28 日	35	2			54—55
	34	8 月 28—29 日	14	15		有	84—85
重庆	5	4 月 8—10 日	3	18			26—27
	21	6 月 4—7 日	49	22			58—59
	24	6 月 20—23 日	32				64—65
	27	7 月 18—19 日	39	1			70—71
	28	7 月 22—23 日	30	3			72—73
四川	21	6 月 4—7 日	47	46	3		58—59
	30	7 月 28—30 日	106	29	1		76—77
贵州	10	4 月 21—22 日	47	26	3		36—37
	13	4 月 25—27 日	15	34	5		42—43
	19	5 月 25—28 日	68	12	1		54—55
	21	6 月 4—7 日	71	17			58—59
	22	6 月 8—11 日	79	6			60—61
	24	6 月 20—23 日	84	6			64—65
	27	7 月 18—19 日	82	4			70—71
云南	1	2 月 17—18 日		116	1		17—19
	3	3 月 28—29 日		39	1		22—23
	4	3 月 30 日—4 月 1 日	4	37			24—25
陕西	30	7 月 28—30 日	52	35			76—77
甘肃	30	7 月 28—30 日	21	32	1		76—77
	32	8 月 8—9 日	6	24			80—81
青海	30	7 月 28—30 日	2	25			76—77
宁夏	32	8 月 8—9 日	1	9			80—81

附录B 分季节强对流天气实况分布图

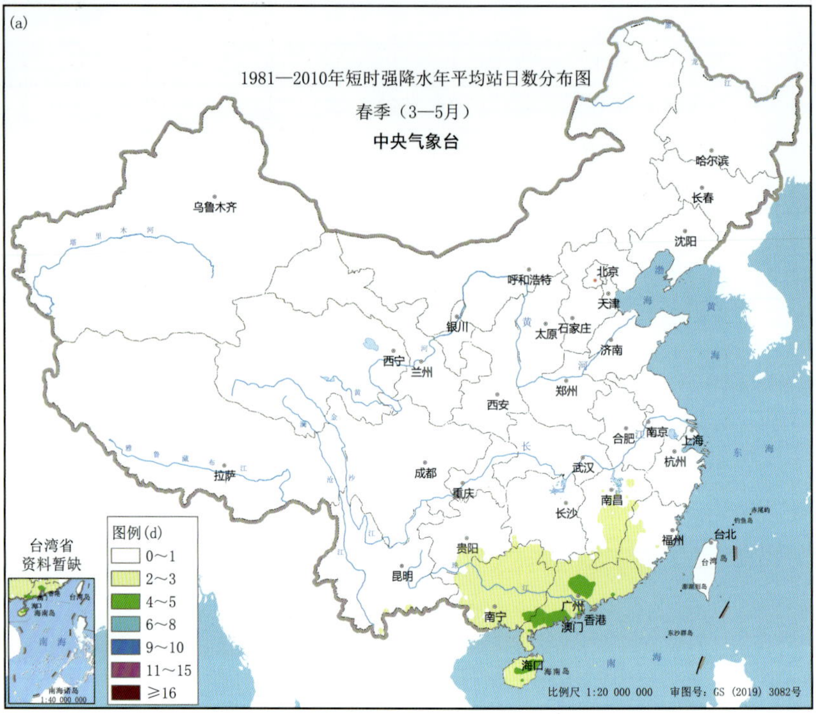

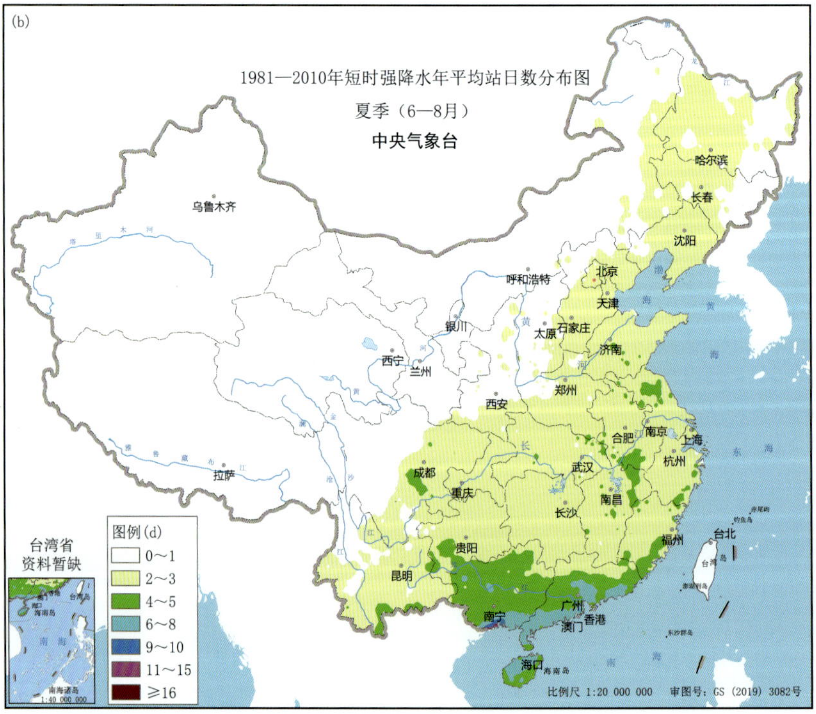

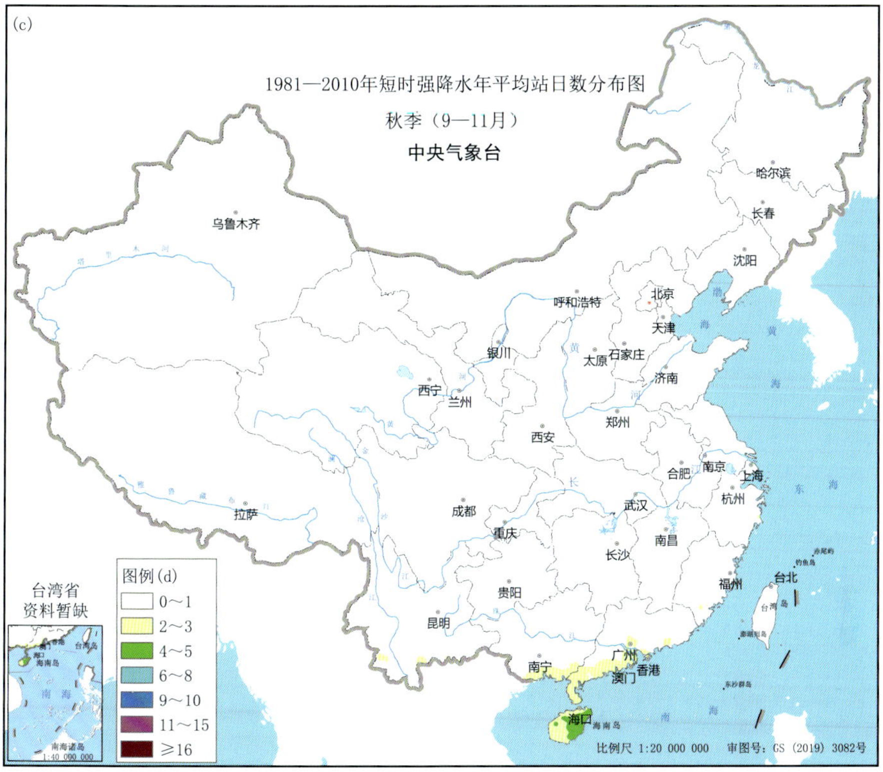

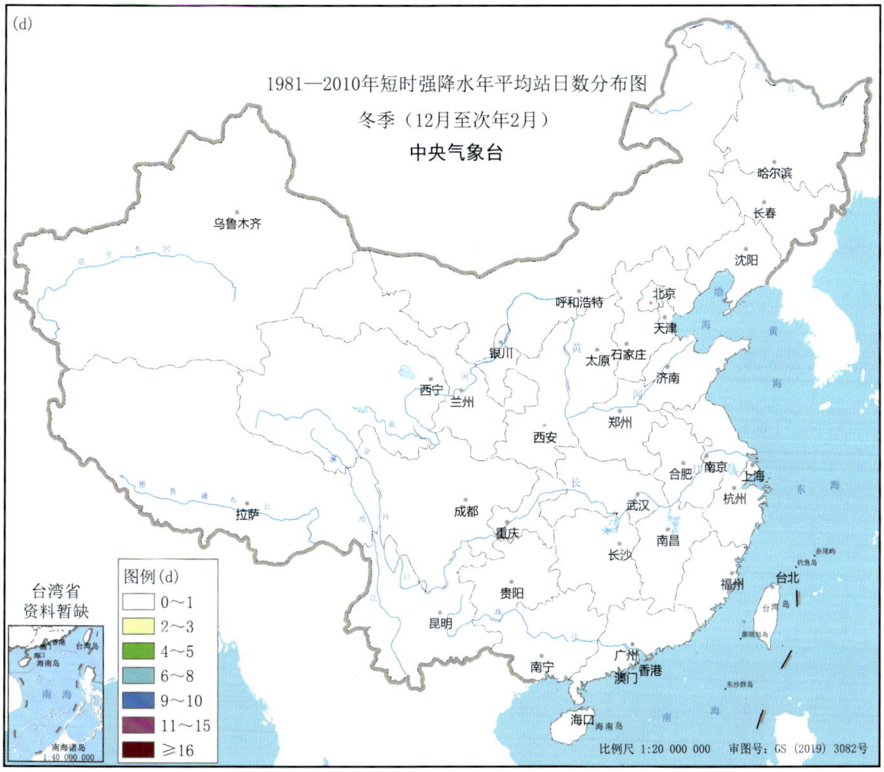

附图 B1　1981—2010 年全国短时强降水（≥20 mm/h）年平均站日数分布

(a)春季；(b)夏季；(c)秋季；(d)冬季

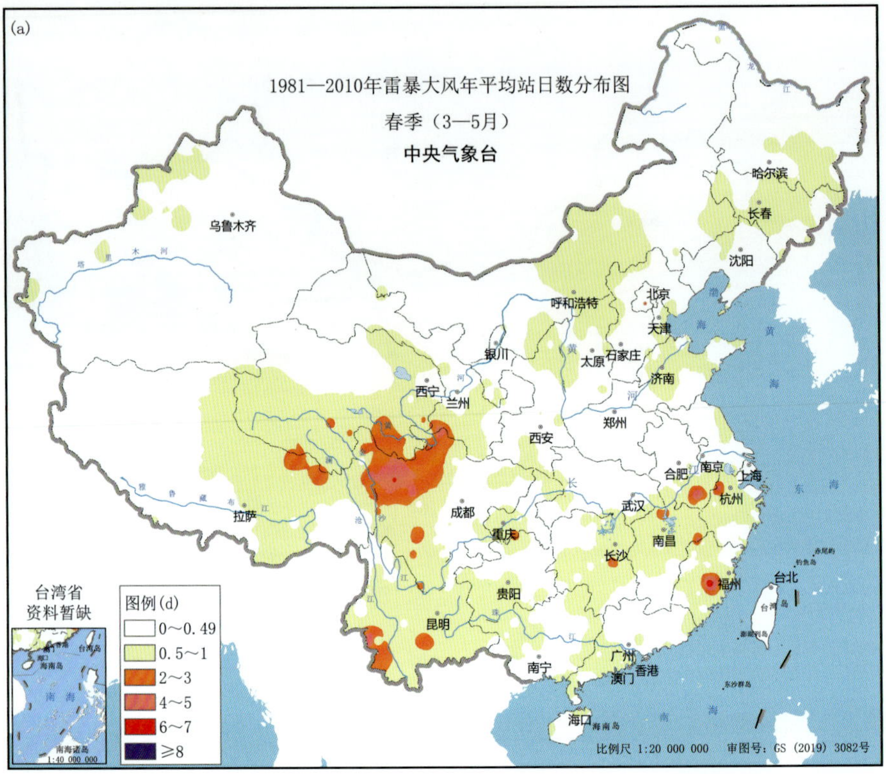
(a)
1981—2010年雷暴大风年平均站日数分布图
春季（3—5月）
中央气象台
乌鲁木齐
哈尔滨
长春
沈阳
呼和浩特
北京
天津
银川
太原
石家庄
济南
西宁
兰州
西安
郑州
合肥
南京
上海
杭州
拉萨
成都
武汉
重庆
南昌
长沙
福州
台北
贵阳
昆明
南宁
广州
澳门
香港
海口
台湾省
资料暂缺
图例(d)
0～0.49
0.5～1
2～3
4～5
6～7
≥8
南海诸岛
1:40 000 000
比例尺 1:20 000 000
审图号：GS（2019）3082号

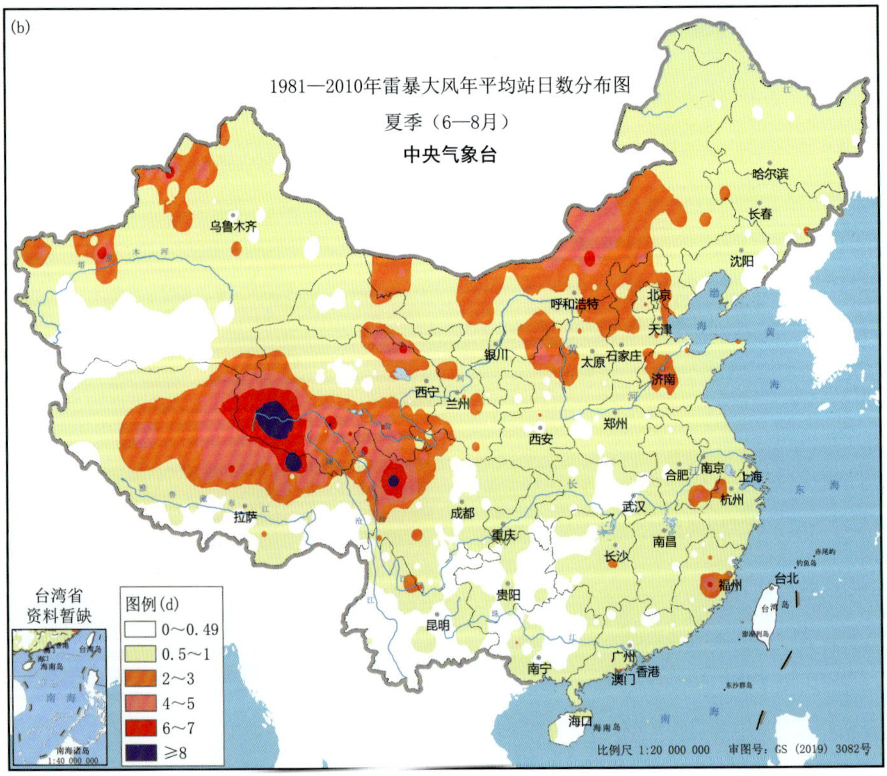
(b)
1981—2010年雷暴大风年平均站日数分布图
夏季（6—8月）
中央气象台
乌鲁木齐
哈尔滨
长春
沈阳
呼和浩特
北京
天津
银川
太原
石家庄
济南
西宁
兰州
西安
郑州
合肥
南京
上海
杭州
拉萨
成都
武汉
重庆
南昌
长沙
福州
台北
贵阳
昆明
南宁
广州
澳门
香港
海口
台湾省
资料暂缺
图例(d)
0～0.49
0.5～1
2～3
4～5
6～7
≥8
南海诸岛
1:40 000 000
比例尺 1:20 000 000
审图号：GS（2019）3082号

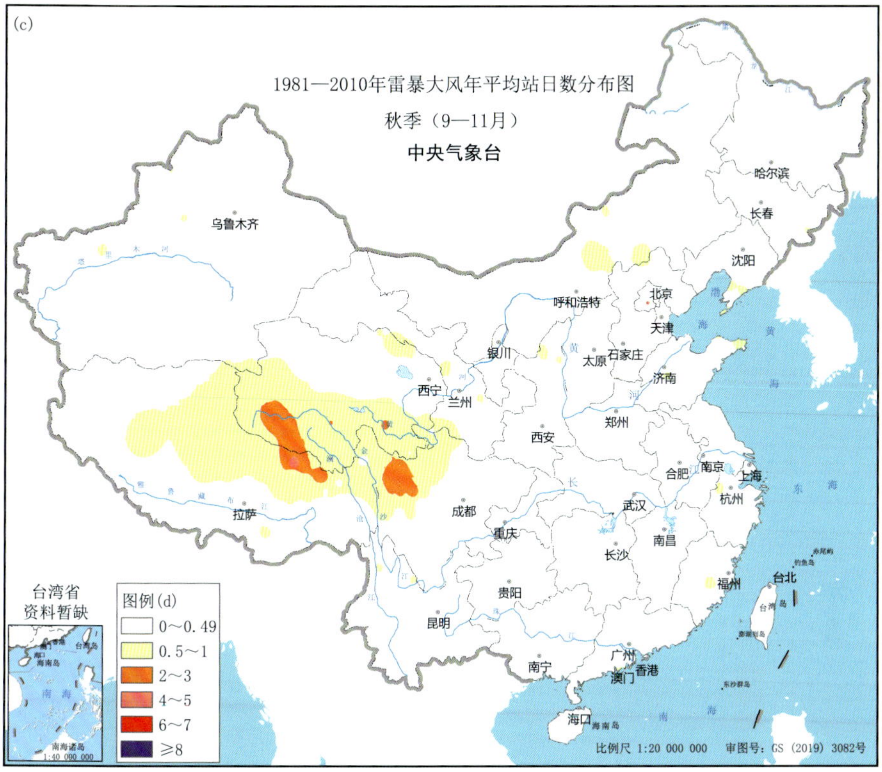

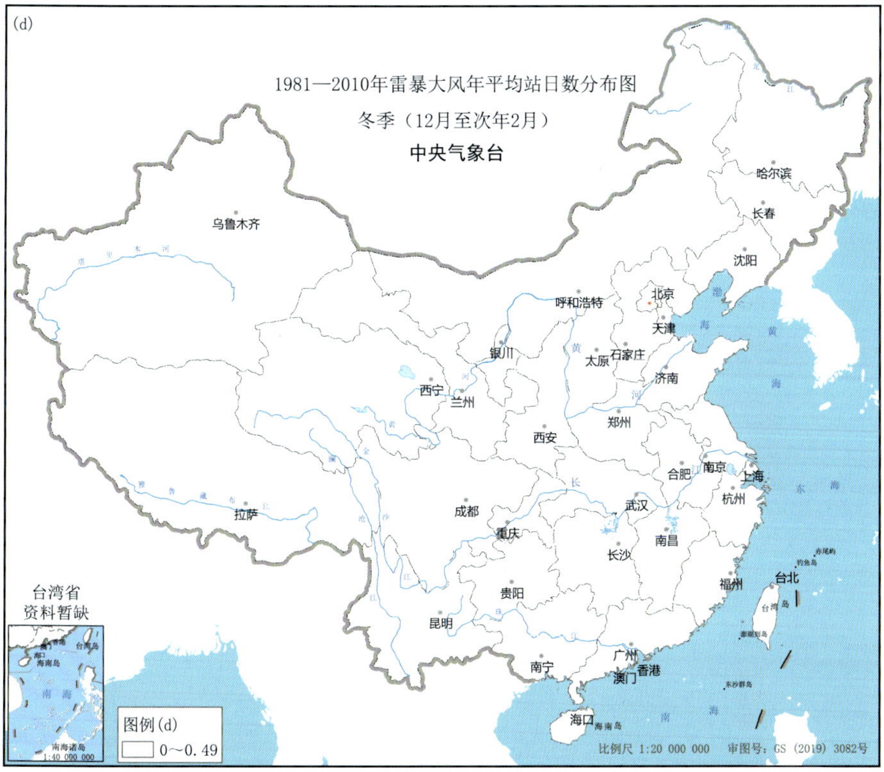

附图 B2　1981—2010 年全国雷暴大风(≥17.2 m/s)年平均站日数分布

(a)春季;(b)夏季;(c)秋季;(d)冬季

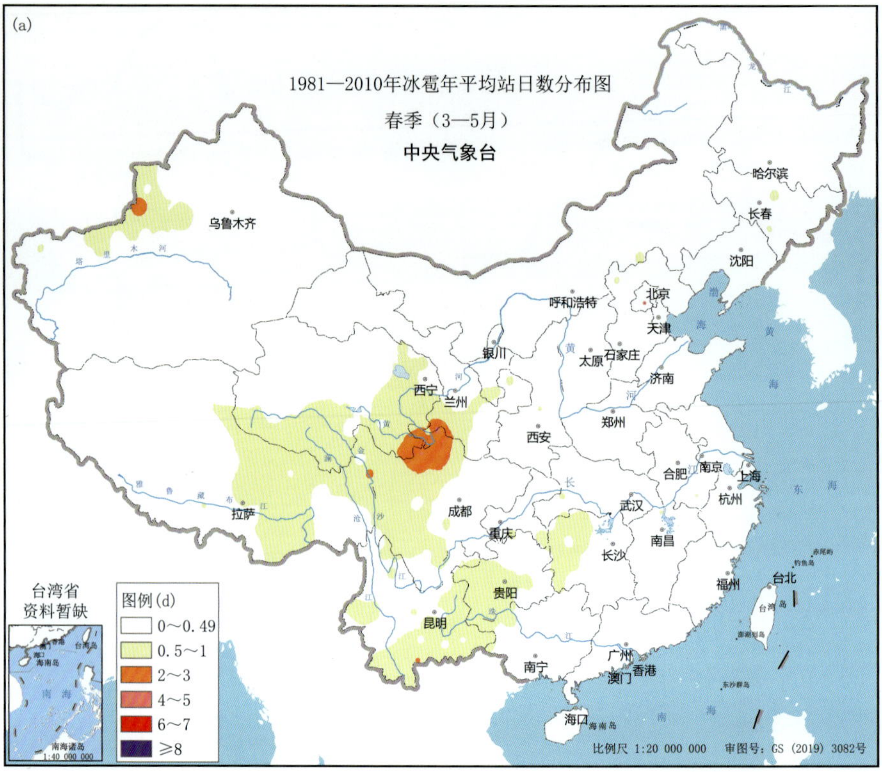
(a)
1981—2010年冰雹年平均站日数分布图
春季（3—5月）
中央气象台
台湾省
资料暂缺
图例(d)
0～0.49
0.5～1
2～3
4～5
6～7
≥8
哈尔滨
长春
沈阳
乌鲁木齐
呼和浩特
北京
天津
银川
太原
石家庄
济南
西宁
兰州
郑州
西安
合肥
南京
上海
杭州
拉萨
成都
武汉
重庆
南昌
长沙
福州
台北
贵阳
昆明
广州
南宁
澳门
香港
海口
南海诸岛
1:40 000 000
比例尺 1:20 000 000
审图号：GS（2019）3082号

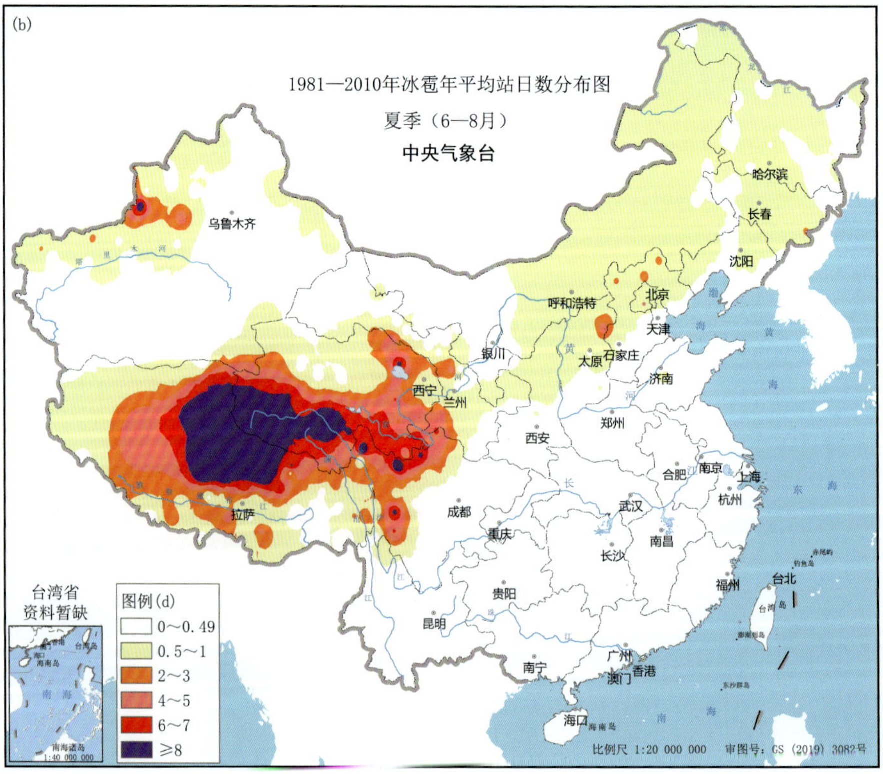
(b)
1981—2010年冰雹年平均站日数分布图
夏季（6—8月）
中央气象台
台湾省
资料暂缺
图例(d)
0～0.49
0.5～1
2～3
4～5
6～7
≥8
哈尔滨
长春
沈阳
乌鲁木齐
呼和浩特
北京
天津
银川
太原
石家庄
济南
西宁
兰州
郑州
西安
合肥
南京
上海
杭州
拉萨
成都
武汉
重庆
南昌
长沙
福州
台北
贵阳
昆明
广州
南宁
澳门
香港
海口
南海诸岛
1:40 000 000
比例尺 1:20 000 000
审图号：GS（2019）3082号

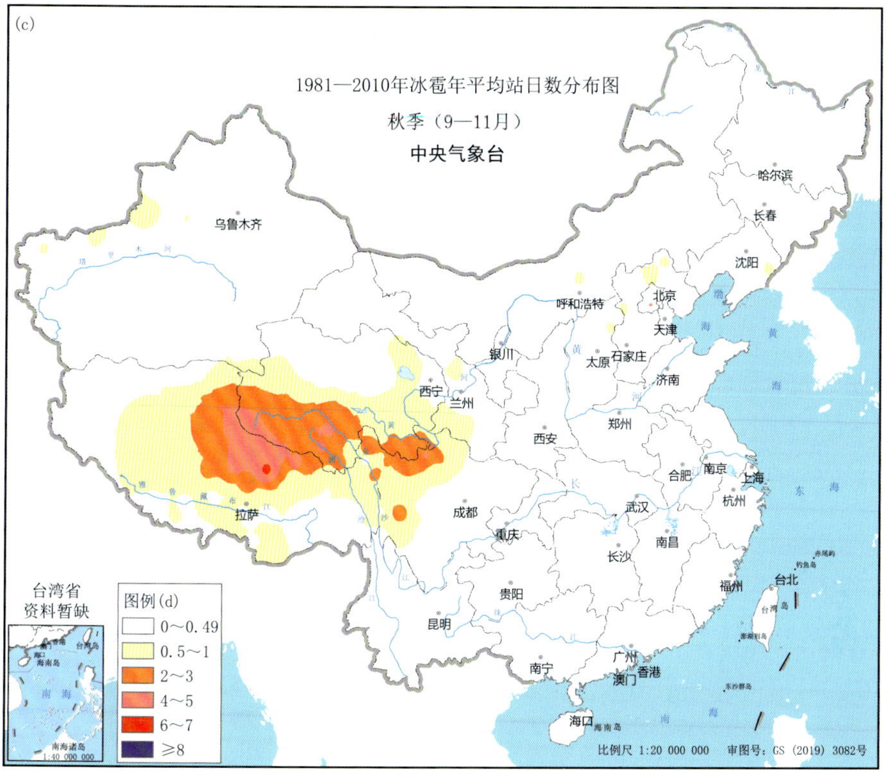

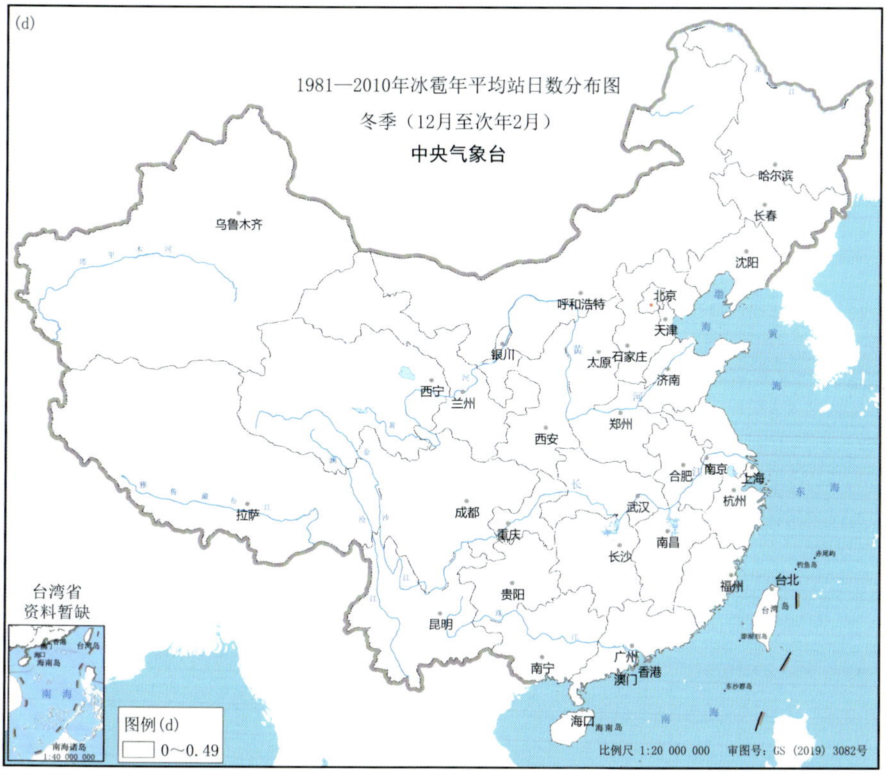

附图 B3　1981—2010 年全国冰雹年平均站日数分布

(a)春季；(b)夏季；(c)秋季；(d)冬季